Urfa Bin Tahir
Muhammad Sohail Sajid

Parasitismo gastrointestinal dos equídeos

Urfa Bin Tahir
Muhammad Sohail Sajid

Parasitismo gastrointestinal dos equídeos

O que todos os detentores de equídeos devem saber

ScienciaScripts

Cover image: www.ingimage.com

This book is a translation from the original published under ISBN 978-3-659-87121-4.

Publisher:
Sciencia Scripts
is a trademark of
Dodo Books Indian Ocean Ltd. and OmniScriptum S.R.L publishing group

120 High Road, East Finchley, London, N2 9ED, United Kingdom
Str. Armeneasca 28/1, office 1, Chisinau MD-2012, Republic of Moldova, Europe
Managing Directors: Ieva Konstantinova, Victoria Ursu
info@omniscriptum.com

Printed at: see last page
ISBN: 978-620-8-53647-3

DEDICADO

Para

A MINHA ADORADA MÃE (TARDE)

Em virtude de cujas bênçãos,

Consegui chegar a esta posição,

E cujas mãos estão sempre levantadas para rezar,

para o meu bem-estar, mesmo neste momento,

E sob cujos pés está o meu céu.

Amo-te, tenho muitas saudades tuas

AGRADECIMENTOS

Estou extremamente grato ao **ALTÍSSIMO ALLAH** (O Misericordioso) que me abençoou para completar este trabalho de investigação apresentado neste estudo. Apresento a minha humilde gratidão, do fundo do coração, ao **SANTO PROFETA MUHAMMAD** (que a paz esteja com ele), pois sem ele a vida teria sido inútil.

O trabalho apresentado neste manuscrito foi realizado sob a atitude simpática, o comportamento paternal, a direção animada, a busca atenta, a perspetiva animadora e a supervisão esclarecida do **Dr. Muhammad Sohail Sajid,** Professor Assistente, Departamento de Parasitologia, Universidade de Agricultura, Faisalabad. Estou-lhe grato pela sua orientação sempre inspiradora, pelo seu grande interesse, pelos seus comentários académicos e pelas suas sugestões construtivas ao longo dos meus estudos. Não podia imaginar ter um melhor conselheiro e mentor para os meus estudos de mestrado. É com imenso prazer que sinto a minha profunda gratidão, cuja orientação inspirada do seu precioso tempo lançou as bases do meu trabalho de investigação de forma verdadeira e correta. **Dr. Muhammad Nisar Khan,** Professor, Departamento de Parasitologia, Universidade de Agricultura, Faisalabad, pelas suas sugestões construtivas e valiosas durante a investigação. Os meus agradecimentos especiais e sinceros à personalidade digna **do Dr. Muhammad Saqib,** Professor Assistente, Departamento de Medicina Clínica e Cirurgia, Universidade de Agricultura, Faisalabad, pelas suas valiosas críticas e sugestões durante o meu estudo.

Estou também muito grato ao **Dr. Muhammad Saleem,** Diretor do Brooke Hospital for Animals Faisalabad, pela sua cooperação na recolha de amostras, fornecimento de materiais relevantes, críticas académicas e sugestões importantes durante a realização deste estudo. Agradeço igualmente ao **Prof. Dr. Muhammad Tariq Javed** e à **Dra. Farzana Rizvi,** Professora Associada, Departamento de Patologia, Universidade de Agricultura, Faisalabad, que prestaram apoio técnico e orientação no trabalho de investigação.

Gostaria de agradecer aos meus pais, irmãos e irmã que me apoiaram inequivocamente durante todo o processo, como sempre, pelo que a minha simples expressão de agradecimento também não é suficiente.

Por último, mas não menos importante, agradeço aos meus amigos e companheiros, **Sr. Hasnain Masood, Sr. Muhammd Numan, Sr. Aziz-ur-Rahman, Sra. Kanza Syed, Sra. Iffrah Bajwa,** e aos assistentes de laboratório pelo seu apoio e encorajamento ao longo dos estudos.

Que **o ALTÍSSIMO ALLAH** (O Misericordioso) abençoe todas estas pessoas com vidas longas, felizes e pacíficas (Ameen)

ÍNDICE DE CONTEÚDOS:

CAPÍTULO 1 5

CAPÍTULO 2 7

CAPÍTULO 3 22

CAPÍTULO 4 29

CAPÍTULO 5 47

CAPÍTULO 6 49

RESUMO

O parasitismo gastrointestinal (GI) representa uma ameaça importante para a saúde dos equídeos, o que conduz a vários problemas económicos e sanitários na gestão dos equídeos. Os óvulos de helmintas que se encontram predominantemente nas fezes dos equídeos incluem *Parascaris equorum,* Estrôngilos grandes, Estrôngilos pequenos, *Oxyuris equi, Strogyloides westeri, Dictyocaulus amfieldi, Anoplocephala* spp., *Habronema* spp., *Draschia megastoma, Gastrodiscus aegyptiacus;* enquanto, entre os cistos de protozoários, incluem-se os de *Giardia* spp. e *Eimeria leuckarti.* No presente estudo, foi realizado um inquérito transversal na população equina da área metropolitana de Faisalabad, Punjab, Paquistão, de setembro de 2012 a agosto de 2013, a fim de determinar a epidemiologia do parasitismo gastrointestinal e os factores de risco associados, incluindo a idade, a espécie, o sexo, a finalidade da criação e a classificação corporal dos equídeos. Os equídeos (n=3456) trazidos para a clínica móvel do Brooke Hospital for Animals Faisalabad foram rastreados quanto ao parasitismo GI através de protocolos padrão. Foram registadas num questionário previamente elaborado informações adequadas sobre os factores de risco associados, os parâmetros clínicos e físicos, incluindo a temperatura, a frequência respiratória, a frequência de pulso, a anorexia, a anemia e a debilidade dos animais infectados e saudáveis. 45,1% dos equídeos (n=1562) foram registados como positivos para parasitas gastrointestinais na população estudada. Os animais mais jovens e mais magros, com diferenças de suscetibilidade entre espécies, foram considerados mais susceptíveis à infeção por parasitas gastrointestinais. Os equídeos utilizados para fins de tração apresentavam mais infecções, seguidos, por ordem, pelos que eram mantidos para fins recreativos e cerimoniais. Os equídeos fêmeas tinham mais problemas parasitários do que os machos. O mesmo padrão foi observado no verão, onde a infeção elevada se deveu ao stress ambiental, seguido, por ordem, do outono, da primavera e do inverno. Os resultados deste estudo fornecem a abundância de parasitas GI na população equina da área metropolitana de Faisalabad, Punjab, Paquistão. Além disso, o conhecimento dos factores de risco associados será útil para proporcionar aos agricultores uma prevenção e um controlo sustentáveis dos parasitas GI, de acordo com as suas condições geoclimáticas.

Palavras-chave: Parasitismo gastrointestinal; Parasitismo dos equídeos; Faisalabad; Protozoários; Epidemiologia

CAPÍTULO 1
INTRODUÇÃO

Os equídeos têm merecido muita atenção e cuidados a nível mundial como animais de tração, fonte de carne (em algumas partes do mundo), couro e outros produtos relacionados. De acordo com os relatórios, 85% dos equídeos estavam presentes nos países em desenvolvimento, incluindo 40,5 milhões de cavalos, 12,3 milhões de mulas e 39 milhões de burros. Em 2008, este número tinha aumentado para 110 milhões de equídeos (FAOSTAT, 2008). A utilização de equídeos nas zonas rurais e urbanas do Paquistão está a aumentar rapidamente devido à elevada crise energética e aos preços dos combustíveis. Nos últimos anos, 1999-2000, havia cerca de 3,8, 0,3 e 0,2 milhões de burros, cavalos e mulas, respetivamente. Este número atingiu mais de 4,8, 0,4, 0,2 milhões de burros, cavalos e mulas, respetivamente, em 2011-2012 (Anonymous 2011-2012). De acordo com o inquérito socioeconómico de 2011 (Universidade de Punjab Lahore), 1,5 milhões de paquistaneses dependem da população de equídeos de trabalho para a sua subsistência e agricultura. Além disso, a utilização de equídeos varia entre corridas, resistência, equitação de lazer e como símbolo ético.

Entretanto, o parasitismo gastrointestinal (GI) é um dos principais problemas de saúde dos equídeos em todo o mundo (Morris *et al.*, 2004; Saeed *et al.*, 2010). Estes parasitas afectam os equídeos principalmente através de anorexia, insuficiência de desempenho, obstrução mecânica da passagem gastrointestinal ou compressão de órgãos, perda de peso, perda de sangue, debilidade, produção de toxinas com efeitos variáveis, transmissão de doenças que não sejam parasitárias, facilitando a entrada de bactérias, vírus e outros agentes patogénicos microbianos (Love *et al.*, 1999; Stoltenow e Purdy, 2003). As provas do impacto económico dos parasitas gastrointestinais são observadas em muitas frentes, incluindo o mau desempenho e o custo do tratamento. As autoridades mundiais gastam anualmente vários milhões de dólares para controlar os parasitas GI, mas devido a razões (resistência anti-helmíntica e identificação de parasitas até ao nível de subespécie) estes parasitas GI continuam a ser um problema importante que afecta a saúde e o bem-estar dos equídeos (Mbafor *et al.*, 2012). Por conseguinte, os métodos de controlo adequados dos parasitas intestinais são importantes para os profissionais e proprietários de equídeos. De acordo com o registo de tratamentos do Brooke Hospital for Animals de 2011, 4,60% dos casos estavam infectados com parasitismo GI no Paquistão.

Entre os parasitas GI, os nemátodos são de importância primordial nos equídeos, incluindo os grandes e pequenos estrôngilos, *Parascaris (P.) equorum* (o ascarídeo dos potros), *Dictyocaulus (D.) arnfieldi* (o verme pulmonar), *Strogyloides (St.) westeri, Habronema (H.)* spp., *Draschia (Dr.) megastoma* e *Oxyuris (O.) equi* (o verme do alfinete). *Anoplocephala (A.) perfoliata* é a única espécie de cestode encontrada em equinos. Entre os tremátodes, *Dicrocoelium (Di.) dendriticum, Gastrodiscus (Ga.) aegyptiacus* e *Fasciola (F.)* spp. são responsáveis por um tipo ligeiro de perturbação gastrointestinal; no entanto, podem causar efeitos graves nos fígados dos hospedeiros infectados. Entre os protozoários, *Giardia (G.)* spp., *Cryptosporidium (C.)* spp. e *Eimeria (E.) leuckarti* são os principais responsáveis pela diarreia nos jovens.

Os equídeos são utilizados para trabalhos pesados nos sectores industrial e agrícola das zonas periurbanas de Faisalabad, tendo contribuído para o progresso do bem-estar humano. No entanto, em Faisalabad, foi efectuada muito pouca investigação sobre o parasitismo gastrointestinal dos equídeos. Recentemente, o relatório de Goraya et al. (2013) descreveu sucintamente a epidemiologia clínica de diferentes doenças, incluindo as de origem parasitária, numa população equina selecionada de três distritos, incluindo o de Faisalabad. No entanto, a informação específica sobre o parasitismo gastrointestinal e os factores de risco associados não foi fornecida até à data em Faisalabad. Por conseguinte, este estudo foi planeado com os seguintes objectivos

a) Determinação da prevalência de parasitas gastrointestinais comuns na população equina selecionada da área metropolitana de Faisalabad.

b) Determinação dos factores de risco associados e correlação entre eles, incluindo idade, sexo, raça, pontuação corporal, parâmetros físicos e condições de saúde.

Os resultados deste estudo fornecerão uma perspetiva da diversidade de parasitas GI na população equina da área metropolitana de Faisalabad. Além disso, o conhecimento dos factores de risco associados pode ser útil para proporcionar uma prevenção e um controlo sustentáveis dos parasitas GI de acordo com as condições microclimáticas.

CAPÍTULO 2
REVISÃO DA LITERATURA

2.1. Introdução aos equídeos

O género *Equus* é membro da família "Equidae", que inclui cavalos, burros e zebras. Entre os diferentes géneros da família Equidae, o "Equus" é o único género existente na Terra. O termo equídeo refere-se a qualquer membro do género Equus com aspeto de cavalo. A palavra vem do latim *equus,* "cavalo", semelhante ao grego "uutog" (hippos), que derivou do anterior jónico "iKKog" (ikkos), "cavalo". Os membros do género equus podem cruzar-se, mas a descendência resultante é geralmente estéril. A descendência destes híbridos inclui: Mula (um cruzamento entre um burro macho e um cavalo fêmea) e hinny (um cruzamento entre um burro fêmea e um cavalo macho). As mulas são preferidas ao hinny, que é um tipo de equídeo híbrido muito difundido e que se distingue pela sua rusticidade e capacidade de trabalho. O hinny tem uma procura consideravelmente menor porque este tipo de híbrido é geralmente menos resistente e tem uma capacidade de trabalho reduzida. Entre os equídeos híbridos, um terceiro tipo, muito menos frequente, é o zebroid (equídeo com ascendência parcial de zebra). Entre os equídeos, os burros e as mulas são muito apreciados como animais de tração; no entanto, os cavalos adquiriram um estatuto mais alargado na sociedade, como animais de tração, animais de companhia, equitação e corridas, transporte de mercadorias e pessoas, diversão e fonte de alimentação para os seres humanos em algumas partes do mundo. No Paquistão, as espécies de cavalos mais frequentemente encontradas são os Balochi, Morna, Siaen (Shiaen), Anmol, Kajlan, Topras e Hirzai. As mulas e os burros são profundamente utilizados para o transporte de bens, ferramentas e pessoas em áreas como as cadeias montanhosas, onde o acesso de veículos automóveis é difícil (Blench, 2000).

2.2. Parasitas intestinais comuns dos equídeos

Os parasitas intestinais incluem principalmente helmintos e protozoários (Stoltenow e Purdy, 2003; Martins *et al.,* 2009). A sobrevivência e a proliferação destes parasitas no trato gastrointestinal são possíveis devido às condições favoráveis do intestino (Egan *et al.,* 2010). A helmintose de escape torna-se possível devido ao pastoreio suficiente de animais em pastagens infectadas (Worku e Afera, 2012). No Paquistão, o parasitismo gastrointestinal constitui um risco importante para os equídeos, uma vez que prejudica o crescimento e a eficiência de trabalho dos animais. Nos equídeos, a prevalência de parasitas GI foi registada em 50% e 53,33% em Faisalabad e Lahore, respetivamente (Mahfooze/al., 2008; Aftab *et al.,* 2005 e Saeed *et al.,* 2010). A prevalência de parasitas GI é relatada como 34,5% na Grécia (Papazahariadou *et al.,* 2009), 90% em cavalos da Etiópia e do México (Gebreab, 1998; Fikru *et al.,* 2005 e Valdez-Cruz *et al,* 2006), nos mesmos países em burros mais de 80% (du Toit *et al.,* 2008; Burden *et al.,* 2010 e Getachew *et al.,* 2010), em cavalos da Nigéria 70,8% (Umar *et al.,* 2013) e mulas de Bursa 11,7% (Demir *et al.,* 1995). Os helmintos são subdivididos em nemátodos, tremátodos e cestádios (Soulsby, 1982). Segue-se uma breve revisão da literatura sobre todos os parasitas GI:

2.2.1. Nemátodos

Os nemátodos são os parasitas mais comuns, com uma prevalência muito elevada de cerca de 90% nos equídeos, e podem causar morbilidade e mortalidade significativas (Herd, 1990; Karanja *et al.*, 1994; Singh *et al.*, 2002; Yoseph *et al.*, 2005; Burden *et al.*, 2010; Getachew *et al.*, 2010; Upjohn *et al.*, 2010 e Valdez-Cruz *et al.*, 2013). Os nemátodos intestinais mais comuns incluem estrôngilos pequenos e grandes, vermes, ascarídeos, vermes estomacais, vermes filamentosos e vermes pulmonares (Zajac e Conboy, 2011). No Paquistão, a prevalência de nemátodos GI está a aumentar de dia para dia. Há 30 anos, um estudo indicou que estes nemátodos GI eram 62,76% em equídeos (Riaz, 1984), enquanto em Lahore, no Paquistão, outro estudo indicou que a tendência de aumento da prevalência de nemátodos GI era de 79% (Aftab *et al.*, 2005).

Uma variedade de distúrbios gastrointestinais pertence aos pequenos e grandes estrôngilos, porque eles próprios se fixam nas paredes do intestino. Durante o crescimento larvar, as larvas de estrôngilos experimentam uma ampla migração no cólon e no ceco. Em diferentes partes do mundo, estes estrôngilos são prevalentes desde há muito tempo nos equídeos, com uma prevalência máxima que atinge os 100% (Foster e Ortiz, 1937; Georgi e Georgi, 1990; Arslan e Umur, 1998). Relatórios recentes mencionam que a abundância quantitativa de estrôngilos (grandes e pequenos) nas fezes é mais elevada em equídeos de 2-6 anos de idade, diminuindo gradualmente com o aumento da idade (Franscico *et al.*, 2009). Existem quase cinquenta e cinco espécies de estrôngilos referidas por Lichtenfels (1975), entre as quais apenas 20 estão registadas em equídeos. Foi relatado que os estrôngilos causam perturbações do trato gastrointestinal, incluindo diarreia e cólicas, seguidas de anorexia, emaciação, anemia, pirexia e embotamento, que acabam na morte dos animais (McCraw e Slocombe, 1985). No Paquistão, em 2005, a prevalência máxima de nemátodos foi registada em 83,33% por Aftab et al. (2005).

A infeção por grandes parasitas do género Strongyle é mais frequente em equídeos que pastam em todos os tipos de condições climáticas (Aluja *et al.*, 2000; Yoseph *et al.*, 2005; Nielsen *et al.*, 2007). A patogenicidade pormenorizada dos estrôngilos adultos não é clara. Entre outros membros da subfamília *Strongylinae,* catorze espécies têm cápsulas bucais maiores; ingerem sangue através do trato gastrointestinal (Levine, 1980). Por vezes, estes vermes adultos (estrôngilos) causam úlceras profundas quando estão presentes em grupo. A alimentação subsequente a partir do local lesionado produz hemorragias que, por fim, são marcadas por cicatrizes. Quarenta e um membros da subfamília *Cyathostominae* têm cápsulas bucais pequenas, pelo que se alimentam da mucosa intestinal superficial (Ogbourne, 1978). Outros alimentam-se das camadas mais profundas e podem ingerir menores quantidades de sangue. No entanto, não há relatos de anemia clínica em cavalos naturalmente infectados ou em potros de pónei infectados experimentalmente. No entanto, devido a hemorragias intestinais, ocorre uma redução da sobrevivência dos glóbulos vermelhos e do catabolismo da albumina (Duncan e Dargle, 1975). A motilidade reduzida do trato gastrointestinal é observada em póneis naturalmente infectados utilizando técnicas de eletromiografia (Bueno *et al.*, 1979). É a confirmação da redução da motilidade gastrointestinal que leva à perda de apetite e a um menor ganho de peso (Owen e Slocombe, 1985). *O*

Strongylus (S.) vulgaris é um nemátodo importante e todos os aspectos da sua infeção foram sistematicamente revistos por Ogbourne e Duncan (1985) em equídeos. Nos poldros infecciosos induzidos, as larvas podem causar anorexia, peso reduzido, cólicas, pirexia e, por vezes, morte (Enigk, 1950; Drudge *et al.*, 1966; Duncan e Pirie, 1975). Em poldros de pónei jovens com 3 semanas de idade, a infeção experimental com 600 larvas pode causar a morte após a inoculação (Slocombe *et al.*, 1982), embora esta situação também tenha sido observada em alguns casos de campo (Gerber *et al.*, 1971; Sutoh *et al.*, 1976; Drudge, 1979). Nas infecções crónicas, a cólica é o sinal clínico mais comum e frequente (Drudge, 1979). As larvas de *S. vulgaris* induzem hemorragias, infiltração celular, edema na parede dos intestinos e podem provocar arterite grave ao entrarem na artéria mesentérica craniana. Sempre que as larvas activas estão presentes nas artérias mesentérica craniana e ileocólica, ocorrem danos endoteliais, adesão de plaquetas e obstrução do fluxo sanguíneo (trombose) (White *et al.*, 1983). Devido à trombose, foi observada ulceração do ceco e do cólon e diarreia grave (Greatorex, 1975; Merritt *et al.*, 1975).

A migração larvar aberrante pode levar a trombose na região aórtico-ilíaca, resultando em paralisia da pata traseira, mas o mecanismo patológico exato é desconhecido (Maxie e Physick-Sheard, 1985). É preocupante saber se as cólicas são ou não causadas por *S.vulgaris* nos equídeos. Existe uma perceção geral de que 90% das cólicas se devem a uma infeção por *S. vulgaris* (Kester, 1975). A intensidade das cólicas na exploração pode ser reduzida através da utilização eficaz de programas anti-helmínticos (Drudge, 1979; Ogbourne e Duncan, 1985). Para além desta informação, outro estudo retrospetivo mostra uma percentagem limitada de casos de enfartes trombo-embólicos (Tennant, 1972; Pearson *et al.*, 1975; Wheat, 1975; Gay e Speirs, 1978; White, 1981; Huskamp, 1982). Há algumas confirmações de que *a S. vulgaris* é causa de dores abdominais devido à redução do fluxo sanguíneo intestinal que, em última análise, se torna causa de menor mobilidade do trato gastrointestinal e conduz a acidentes intestinais (Bueno *et al.*, 1979; Sellers *et al.*, 1982). Alguns cientistas referiram que poderia haver outras possibilidades para as cólicas, que incluem: lesão dos nervos, libertação de toxinas pelas larvas e alergia a *S. vulgaris* (Klei *et al.*, 1984; Ogbourne e Duncan, 1985). Com a utilização mais eficiente de anti-helmínticos eficazes, parece haver uma menor intensidade de *S. vulgaris* (Lyons *et al.*, 1981; Reinemyer *et al.*, 1984), o que diminui o risco de cólicas associadas a *S. vulgaris.*

A literatura anterior confirma que, tal como *S. vulgaris,* a infeção por *S. edentatus* em equídeos pode provocar diarreia, peritonite, cólicas e morte (Wetzel, 1952; Wetzel e Kersten, 1956; Phillips e Koltveit, 1958; McCraw e Slocombe 1974). As larvas de *S. edentatus* dirigem-se principalmente para o fígado dos equídeos através das veias, onde o fígado se torna áspero, com extensos traços hemorrágicos tortuosos e focos brancos pontuais (Wetzel e Kersten, 1956; McCraw e Slocombe, 1974). Além disso, a fibrose, o inchaço edematoso e a espessura com material gelatinoso amarelado claro que rodeia as larvas estão presentes nos ligamentos (ligamentos hepáticos e ligamentos hepato-renais) e na rota que as larvas adoptam para sair (do fígado para a região do flanco). Nos órgãos associados, como os pulmões, o diafragma e o omento, ocorrem granulomas eosinofílicos, adesão fibrótica e rutura do omento devido à migração aberrante das larvas. No sistema venoso, podem ser observados trombos e cilindros de células sanguíneas mortas sob a íntima. Há cerca de 37 anos, Smith (1973) observou movimentos larvares aberrantes no cordão espermático e nos testículos de garanhões.

5. equinus não é tão comum como as outras duas espécies de *Strongylus* descritas anteriormente (Wetzel, 1940; Me Craw e Slocombe, 1985). A patologia é quase semelhante à observada em *S. edentates* e *S. equines.* A única caraterística patológica distintiva é a associação com o pâncreas após a migração aberrante das larvas a partir do fígado. O pâncreas firme com nódulos é rodeado por uma camada e com larvas revestidas por uma cápsula fibrótica (McCraw e Slocombe, 1985). *O Trichostrongylus (T.) axei,* um nemátodo intra-epitelial do estômago, é pouco frequente nos equídeos. Em achados de necropsia, uma carga pesada de vermes pode causar hiperemia, inflamação catarral linfocítica, erosões e ulcerações do trato gastrointestinal (Leland, 1961).

Em alguns países onde foram registadas taxas muito elevadas de grandes estrôngilos, incluem-se a Turquia (Oge, 1991; Giilbah^e e Cantoray, 1995; Burgu *et al.,* 1995a; Burgu *et al.,* 1995b; Arslan e Umur, 1998; Umur e Acicit, 2009), a Etiópia e o México (Fikru *et al,* 2005; Valdez-Cruz *et al.,* 2006; du Toit *et al.,* 2008; Burden *et al.,* 2010; Getachew *et al.,* 2010), República da África do Sul (Wells *et al.,* 1998; Mattheeet *al.,* 2000) e Gâmbia (Mattioli *et al.,* 1994).

Os Cyathostominae foram os vermes intestinais com maior ocorrência, maior participação no número total de vermes e maior abundância nos equídeos do mundo (Ogbourne, 1978). Em todo o mundo, quase 52 espécies de ciatostomíneos foram relatadas em equinos, entre as quais 4 a 16 espécies são relatadas como 50% prevalentes na maioria das regiões do mundo (Reinemeyer *et al.,* 1984; Gawor, 1995; Carvalho *et al.,* 1998; Lyons *et al.,* 1999; Lichtenfels *et al.,* 2001; Lichtenfels *et al.,* 1998; Matthee *et al.,* 2002; Chapman *et al.,* 2013). Alguns membros importantes, que são responsáveis por esse tipo de nematodíase, incluem: *Coronocyclus (Co.), Cyathostomum (Cy.) calinatum, Cylicocyclus (Cyl.) nassatus, Cylicostephanus (Cyi.) goldi, Cyi. longibursatus, Cy. Coronatum, Cyi. calicatus, Cyl. leptostomus, Cyi. rninutus, Cyl. triramosus, Cy. labratum, Cyi. insigne, Gyalocephalus (Gy.) capitatus, Cy. pateratum, Cylicodontophorus (Cyd.) bicoronatus, Cyi. hybridus, Poteriostomum (Po.) imparidentatum, Cy. labiatum, Cflicodontophorus (Cf.) mettami, Cyi. asymetricus, Cyl. elongates, Petrovinema (Pe.) poculaturn, Po. ratzii* e *Cyl. radiates* (Lichtenfels, 1975; Gawor, 1995; Lichtenfels *et al,* 1997; Costa *et al.,* 1998; Pereira e Vianna, 2006). Devido à elevada incidência de outros nemátodos dos equídeos, a atividade de investigação sobre este tipo de nematodíase foi muito elevada. A ciatostomíase larvar é uma doença em que um grande número de larvas sai das paredes do intestino e causa uma colite grave que pode levar à morte (Mair *et al.,* 1990; Van Loon *et al.,* 1995).

As larvas de pequenos estrôngilos podem provocar perda de peso, ulceração, pirexia, cólicas, anemia, diarreia, edema e catarro do trato gastrointestinal, hemorragias, inflamação fibrinosa do ceco, aumento dos gânglios linfáticos, mesentério edematoso, emaciação, redução da motilidade do trato gastrointestinal (ileo-cecocólico) (Bueno *et al,* 1979) e morte (Covault, 1921; Blackwell, 1973; Smith, 1976; Chiejlna e Mason, 1977; Ogbourne, 1978; Smith, 1978). As larvas são visíveis na superfície da mucosa ou no local das lesões nodulares. O tamanho dos nódulos capsulados fibrosos é de poucos milímetros de diâmetro, elevados, ambilicados com a superfície da mucosa e de cores diferentes, por exemplo, amarelo, cinzento, vermelho ou preto (Owen e Slocmbe, 1985). Estes nódulos contêm células de defesa, incluindo células mononucleares e eosinófilos. A hipertrofia e a hiperplasia das glândulas tubulares também foram observadas em casos infectados em que as larvas estavam em fase de crescimento (Mathieson, 1964; Arundel, 1978).

Além disso, as populações de estádios larvares em desenvolvimento nas paredes do intestino grosso podem ser maiores do que as populações de adultos no lúmen (Reinemeyer *et al.,* 1984; Bucknell *et al.,* 1995). Em relatórios de elevada prevalência, a resistência anti-helmíntica nos ciatostomíneos foi amplamente registada (Fisher *et al.,* 1992). Em algumas actividades de investigação anteriores, o programa de controlo biológico, utilizando fungos de armadilha, parece ser prospetivo (Larsen *et al.,* 1996).

Os nemátodes pertencem à ordem Rhabiditida, vulgarmente conhecida como vermes da linha. *O St. westeri* é um dos membros mais importantes desta ordem, responsável por muitas doenças dos equídeos. Os ovos larvados que passam nas fezes dos potros levam ao desenvolvimento de larvas infecciosas no ambiente externo, que podem penetrar na pele dos equídeos ou transmitir-se através da ingestão de leite de égua contaminado com larvas. Nos equídeos adultos, as larvas migram para os tecidos e formam um reservatório de larvas somáticas (Zajac e Conboy, 2011). A abundância de *St. westeri* em potros tem sido registada porque é uma das espécies de nemátodos de maturação mais precoce em equídeos (Soulsby, 1986; Lyons e Tolliver 2004). Os potros desenvolvem geralmente uma imunidade satisfatória contra a infeção por *St. westeri* 15-23 semanas após o nascimento (Soulsby, 1982). Este nemátodo é predominante no epitélio do intestino delgado dos potros. A diarreia é um sinal clínico comum, mas em alguns casos observou-se diarreia aquosa e morte em potros infectados com *St. westeri* (Lyons *et al.,* 1973; Greer *et al.,* 1974). Os achados patológicos comuns incluem: inflamação do terço anterior do intestino delgado, vilosidades atróficas e aumento da infiltração celular da lâmina própria (Greer *et al.,* 1974). As elevadas taxas de infeção podem estar associadas a condições pouco higiénicas nos estábulos dos equídeos e nas suas imediações (Abdullah e Mohamed, 2011).

O Pinworm *Probstmayria (Pr.) vivipara* é uma causa de prurido grave no corpo dos animais, daí que os danos causados pelo coçar levem à queda de pêlos da cauda, o que limita a graça dos equídeos. De acordo com Georgi e Georgi (1990) e Smith (1979), a infeção por *Pr. vivipara* é uma nematodíase vivípara que se pode multiplicar no cólon e no ceco, o que tem impactos menos significativos na saúde dos equídeos. Na Turquia, a baixa taxa de infeção deste nemátodo é referida por Burgu et al. (1995a), Demir et al. (1995), Arslan e Umur (1998) e Umur e Mustafa, (2009). Entre os oxiurídeos (vermes), *O. equi* é um membro importante e comum, presente principalmente no cólon. Os alergénios produzidos pela massa de ovos gelatinosos podem causar prutritus anal na região peri-anal. Este tipo de infeção é menor nos países em desenvolvimento do que nos países subdesenvolvidos (Aftab *et al.,* 2005).

O P. equorum é um membro importante dos ascarídeos, vulgarmente conhecidos como lombrigas. Uma infestação mais elevada está associada principalmente a uma pelagem áspera e baça, a um crescimento prejudicado, a problemas respiratórios crónicos, à preguiça, à falta de apetite e à tosse, ao corrimento nasal, à perda de peso corporal e pode levar à morte (Clayton, 1981; Soulsby, 1986; Ryu *et al.*, 2004). As larvas migram através do fígado para os pulmões e causam aloveolite eosinofílica, mucosas abundantes nas vias respiratórias, bronquiolite e bronquite (Nichols *et al.*, 1978a). Múltiplos nódulos sub pleurais, linfócitos acumulados com lesões cinzentas esverdeadas que são ligeiramente elevadas e se tornam calcificadas se persistirem durante algumas semanas (Clayton e Duncan, 1977; Nichols *et al.*, 1978a). Não há indícios de fuga de proteínas na parede do intestino delgado. Grandes cargas de vermes podem causar a morte devido à perfuração do trato gastrointestinal, impactação intestinal e intussusceção em potros (Bello *et al.*, 1973; Srihakim e Swerczek, 1978). Os factores dos quais depende a frequência de *P. equorum* incluem: dimensão da população, estruturas etárias e diferenças na resposta imunitária dos equídeos. Em potros jovens, a prevalência de ascarídeos é mais elevada do que em animais idosos (Pecheur *et al.*, 1979; Lyons e Tolliver, 2004). Alguns cientistas declaram que *o P. equorumis* é predominantemente um parasita de equídeos jovens (com menos de cinco anos de idade) (Drudge e Lyons, 1966). Na Turquia, durante a atividade de investigação sobre o parasitismo dos GT, a prevalência de *P. equorum* foi estimada de baixa a ligeira infeção (Demir *et al*, 1995; Giilbahce e Cantoray, 1995; Umur e Mustafa, 2009). Os relatórios de prevalência de *P. equorum* em diferentes partes do mundo são apresentados no quadro 2.1.

Na ordem Spiruda, *H. muscae, H. majus* e *Dr. megastoma* foram observados principalmente em equinos (Gonen?, 1997; Aypak, 2005). Estes parasitas são transmitidos por moscas; a sua presença tende a ser sazonal, sendo mais prevalente no verão. As taxas de infestação tornam-se elevadas no verão 71% (Reinemeyer *et al.*, 1984) e diminuem no inverno 13% (Bucknell *et al.*, 1995), em diferentes regiões do mundo. A prevalência de *Dr. megastoma* foi de 9,69% e 5,88% em cavalos e mulas, respetivamente (Maskar, 1983). Noutro estudo, foi relatada a prevalência destes parasitas na Arábia Saudita; *H. muscae como* 22,2%, *H. megastoma* e *Setaria equina* como 4,4% (AL Anazi e Alyousif, 2011).

Estes parasitas residem no estômago dos equídeos, seguindo-se a ingestão de larvas de hospedeiros intermediários, nomeadamente Musca spp. ou Stomoxys calcitrans: *Musca* spp. ou *Stomoxys calcitrans.* Estes parasitas não produzem sinais clínicos, no entanto, as larvas deslocadas pelos hospedeiros intermediários no tecido cutâneo causam granulação proliferativa castanha-avermelhada da pele, que é intensamente pruriginosa, ulcerada e pode sangrar facilmente (Vasey, 1981). A conjuntivite e a disúria são frequentemente observadas clinicamente se houver envolvimento da pele peri orbital, do pénis e do prepúcio. *O Dr. megastoma* produz granulomas eosinofílicos (tumores) contendo vermes, que se acumulam no estômago (Reddy *et al.*, 1976). Ocasionalmente, observa-se perfuração do estômago e abcesso do baço seguido de peritonite (Arundel, 1978). Um grande número de larvas aberrantes pode associar-se a abcessos pulmonares (Bain *et al.*, 1969), fígado necrótico (Reddy *et al.*, 1976) e encefalite seguida de perturbações neurológicas (Mayhew *et al.*, 1982).

D. arnfieldi é o único verme pulmonar registado em equinos. A maioria das infecções patentes assintomáticas são observadas em burros (Clayton, 1981). O pastoreio comum de cavalos com burros e potros é uma causa de infeção assintomática, mas os equinos mais velhos mostram sinais de tosse durante o exercício depois de vários meses sem infeção. Em termos grosseiros, as lesões desta infeção são quase semelhantes em todos os animais com parênquima pulmonar hiperinsuflado do lobo caudal (Nichols *et al.,* 1978b; Nichols *et al.,* 1979; Clayton e Duncan, 1981).

Tabela 2.1. Relatórios de prevalência mundial de nemátodos gastrointestinais em equídeos.

Parasite	Region	Prevalence	Equine	Reference
Ascarids	Ethopia	6.5%	Horse	(Worku and Afera, 2012)
		10.4%	Donkey	(Robenson, 2009)
Cyathostomum spp.	Pakistan	47.86	Horse	(Saeed *et al.*, 2010)
Dictyocaulus arnifieldi	Pakistan	2.5%	Horse	(Saeed *et al.*, 2010)
Gyalocephalus Capitatus	Brazil	44.4%	Equine	(Silva *et al.*, 1999)
		50%	Equine	(Lanfredi, 1983; Barbosa 1995)
		64.3%	Equin	(Carvalho *et al.*. 1998)
		7% to 10%	Equine	(Foster and Ortiz, 1937)
	Greece	2%	Horse	(Mfitilodze and Hutchinson, 1989)
	Poland	8%	Horse	(Gawor, 1995)
Gyalocephalus spp.	Turkey	<1%	Equine	(Oge, 1991)
Large Strongyles	Ethiopia	88.2%	Equine	(Fikru *et al.*, 2005)
		99%	Equine	(Getachew *et al.*, 2010)
	Mexico	91%	Equine	(Valdez-Cruz *et al.*, 2006)
Oxyuris equi	Mexico	12%	Horse	(Sobieszewski, 1967)
	Pakistan	6.32%	Horse	(Aftab *et al.*, 2005)
	Turkey	6.45%	Donkey	(Umur and Mustafa, 2009)

Parasite	Region	Prevalence	Equine	Reference
Oxyuris equi	Turkey	1.20%	Horse	(Umur and Mustafa, 2009)
		0.9% to 30%	Donkey	(Burgu *et al.*, 1995a; Burgu *et al.*, 1995b; Gul *et al.*, 2003; Cırak *et al.*, 2004)
		0.39% to 30%	Horse	
	South Africa	24%	Horse	(Krecek *et al.*, 1989)
	Brazil	78.6%	Horse	(Lanfredi, 1983)
		100%	Horse	(Barbosa, 1995)
		33%	Horse	(Martins *et al.*, 2001)
	Panama	38%	Horse	(Foster, 1937; Foster and Ortiz, 1937)
		11%	Horse	(Reinemeyer *et al.*, 1984)
		7%	Horse	(Bucknell *et al.*, 1995; Boxell *et al.*, 2004)
	Saudi Arabia	8.8%	Horse	(AL Anazi and Alyousif, 2011)
	Ethiopia	2.1%	Horse	(Fikru *et al.*, 2005)
		2% to 3%	Donkey	(Ayele, 2006; Getachew *et al.*, 2010)
		56.8%	Equine	(Torbert *et al.*, 1986),
		26%	Equine	(Mfitilodze and Hutchinso, 1989)
	Poland	36%).	Horse	(Gawor, 1995)
	Pakistan	6.32%	Horse	(Aftab *et al.*, 2005)
Oesophagodontus spp.	Turkey	<1%	Equine	(Oge, 1991)
Oxyurides	Ethiopia	2.9%	Horse	(Worku and Afera, 2012)
		4%,	Equine	(Robenson, 2009)
Parascaris equorum	Pakistan	5%	Horse	(Saeed *et al.*, 2010)

Parasite	Region	Prevalence (%)	Equine	Reference
Parascaris equorum	Pakistan	10.2%	Horse	(Aftab *et al.*, 2005)
	Turkey	2.6% to 42.85%	Donkey	(Demir*et al.*, 1995; Gülbahçe and Cantoray, 1995; Pişkin *et al.*, 1999; Umur and Mustafa, 2009)
		1.38% to 35.8%	Horse	
		5.8%	Mule	
	Ethiopia	17.1%	Donkey	(Fikru *et al.*, 2005)
		43.5%	Equine	(Gebreab, 1998)
		50%	Equine	(Ayele, 2006)
		51.1%	Equine	(Getachew *et al.*, 2008)
		51%	Equine	(Getachew *et al.*, 2010)
		18%	Horse	(Reinemeyer *et al.*, 1984)
		80%	Horse	(Roneus, 1971)
	Poland	26%	Horse	(Gawor, 1995)
	Saudi Arebia	28.8%	Horse	(AL Anazi and Alyousif, 2011)
Poteriostomum spp.	Turkey	<1%	Equine	(Oge, 1991)
		13.8%	Horse	(Gülbahçe and Cantoray, 1995)
Probstmayria Vivipara	Turkey	0.4%-3.84%	Horse	(Burgu *et al.*, 1995; Demir *et al.*, 1995; Arslan and Umur, 1998; Umur and Mustafa, 2009)
		0.6%-80%	Donkey	
Strongylus edentates	Turkey	<1%	Equine	(Oge, 1991)
		52.4%	Horse	(Gülbahçe and Cantoray, 1995)
	Pakistan	19.65%	Horse	(Saeed *et al.*, 2010)
Strongylus edentates	Turkey	14.3%	Donkey	(Gülbahçe and Cantoray, 1995)
Strongylus equines	Turkey	<1%	Equine	(Oge, 1991)
	Brazil	15%	Equine	(Vaz, 1930)
	Panama	21.4%	Equine	(Foster, 1936; Foster and Ortiz, 1937)
	Pakistan	23.07%	Horse	(Saeed *et al.*, 2010)

Strongylus vulgaris	Turkey	1.08%	Equine	(Oge, 1991)
		61.0%	Horse	(Gülbahçe and Cantoray, 1995)
		42.9%	Donkey	
	Brazil	21.4%	Horse	(Barbosa, 1995)
Strongyloides westeri	Poland	10.9 %	Horse	(Kazlauskas, 1958)
		4%	Horse	(Gawor, 1995)
	Brazil	3.2%	Horse	(Barus, 1962)
		4%	Horse	(Pecheur *et al.*, 1979)
		6%	Horse	(Mfitilodze and Hutchinson, 1989)
	Turkey	5.8%	Horse	(Gül and Ayaz, 2003)
		13.6%	Donkey	
		4.9%	Horse	(Arslan and Umur, 1998)
		9.8%	Donkey	
		22.58%	Donkey	(Umur and Acicit, 2009).
	Saudi Arebia	64.4%	Horse	(AL Anazi and Alyousif, 2011)
	Pakistan	1.5%	Horse	(Saeed *et al.*, 2010)
Strongylus spp.	Ethiopia	54.84%,	Horse	(Robenson, 2009)
		32.6%,	Horse	(Worku and Afera, 2012)
Strongylus spp	Turkey	100%	Equine	(Arslan and Umur, 1998)
		77.10%	Horse	(Umur and Acicit, 2009)
		96.77%	Donkey	
		96.15%	Mule	
	Brazil	68.8%	Horse	(Foster and Ortiz, 1937)
	Pakistan	40%.	Equine	(Chaudhry *et al.*, 1991)
	Mexico	80%	Equine	(du Toit *et al.*, 2008)
		81%	Equine	(Burden *et al.*, 2010)
	South Africa	95-100%	Donkey	(Wells *et al.*, 1998)
		72%	Donkey	(Matthee *et al.*, 2000)
	Gambia	83%	Horse	(Mattioli *et al.*, 1994)
	India	8%-89%	Horse	(Pal 2002; Ayele *et al.*, 2006)
	Pakistan	83.33%.	Horse	(Aftab *et al.*, 2005)

Trichostrongylus axei	Saudi Arab	11.1%	Horse	(AL Anazi and Alyousif, 2011)
	Pakistan	23.07%	Horse	(Saeed *et al.*, 2010)
Trichonema spp.	Turkey	89.2%	Equine	(Oge, 1991)
		76.8%	Horse	(Gülbahçe and Cantoray, 1995)
		100%	Donkey	
Triodontophorus spp.	Turkey	<1%	Equine	(Oge, 1991)
	Brazil	100%	Equine	(Vaz, 1930)
		57%	Equine	(Barbosa, 1995)
		90%	Equine	(Lanfredi, 1983)
		42.0%-46.0%	Equine	(Foster, 1936; Foster and Ortiz, 1937)

2.2.2. Cestodes

A cestodíase equina é um dos endoparasitismos mais comuns e importantes, causando graves problemas económicos e clínicos, seguido da ingestão de hospedeiros intermediários infectados (ácaros oribatídeos). Entre os cestodes, as espécies de Anoplocephalidae são principalmente responsáveis por doenças intestinais de baixa mortalidade, como perfurações cecais, intussuscepções cecais e peritonite em equídeos (Ryu *et al.*, 2001).

Entre os cestódeos, *A. perfoliata* e *A. magna* têm tendência para residir em grupos na junção ilio-caecal, onde se observaram enterite focal e áreas de necrose (Rodriguez-Bertos *et al.*, 1999). *P. mamillana* e *A. magna* encontram-se no intestino delgado proximal e no estômago, no intestino delgado e podem causar uma inflamação catarral (Soulsby, 1982).

Em animais jovens, estes cestodes causam rutura do duodeno seguida de peritonite (Oliver, 1977). *A. perfoliata* é a espécie mais frequentemente observada em equídeos, sendo encontrada no jejuno, íleo, ceco e cólon.

No local de fixação no trato gastrointestinal, estas ténias causam ulcerações graves, erosões e, no jejuno e no íleo, é comum a hipertrofia (Bain e Kelly, 1977; Lyons *et al.*, 1984). Nas infecções crónicas, as lesões estão associadas à falta de frieza, possivelmente devido à perda de proteínas do plasma sanguíneo (Barker e Van Dreumel, 1985). Nalguns casos, observam-se sinais clínicos de intussusceção (Barclay *et al.*, 1982), obstrução do orifício ileocecal, perfuração do intestino seguida de peritonite.

A percentagem de prevalência dos cestodes varia de região para região, em função dos factores de risco associados que podem ser considerados a causa da infeção.

Tabela 2.2. Relatórios de prevalência mundial sobre cestodes gastrointestinais em equídeos

Cestode	Region	Prevalence	Equine	Reference
Anoplocephala perfoliata	Brazil,	28.6%	Horse	(Lanfredi, 1983)
	USA	9.65%	Horse	(Pereira and Vianna, 2006)
		9.65%	Horse	(Lyson, 2000)
		20%	Horse	(Lyons *et al.*, 1983, 1984)
	Turkey	0.2%-15.8%	Horse	(Burgu *et al.*, 1995; Gönenc, 1997; Öge, 1991)
		8%-20%	Donkey	(Burgu *et al.*, 1995; Gönenc, 1997; Öge, 1991)
	Pakistan	1.5%	Horse	(Saeed *et al.*, 2010)
Anoplocephala spp.	Turkey	1.20%	Horse	(Umur and Acici, 2009)
		3.84%	Mule	(Umur and Acici, 2009)
		1.17%-3.3%	Horse	(Arslan and Umur, 1998; Demir *et al.*, 1995)
		1.9%-8.5%	Donkey	(Arslan and Umur, 1998; Demir *et al.*, 1995)

2.2.3. Trematódeos

Nos continentes asiático e africano, cinco espécies de trematodes são reconhecidas como parasitas intestinais dos equídeos (Lichtenfels, 1975). Os vermes estão presentes no trato gastrointestinal e no sangue dos equídeos e são ligeiramente patogénicos para os equídeos. Entre as 500 espécies de trematodes registadas a nível mundial, apenas 20 espécies são patogénicas. As espécies de trematodes mais prevalentes em equídeos são *Ga. aegyptiacus, Di. dendriticum* e Fasciola spp. (Zajac e Conboy, 2011). Na Índia, *o Ga. aegyptiacus* foi registado através de exame coprológico (Sengupta e Yadav, 1997).

Tabela 2.3. Relatórios de prevalência de trematódeos gastrointestinais em equídeos

Parasite	Region	Prevalence	Equine	Reference
Dicrocoelium dendriticum	Turkey	1.1%	Horse	(Demir *et al.*, 1995)
		7.2%	Donkey	(Demir *et al.*, 1995)
		0.9%	Horse and donkey	(Gul *et al.*, 2003)
		1.20%	Horse	(Umur and Acici, 2009)
		3.22%	Donkey	(Umur and Acici, 2009)

Fasciola spp.	Turkey	1.3%	Donkey	(Demir *et al.*, 1995)
		1.6%	Horse	(Demir *et al.*, 1995)
		1.6%	Horse	(Arslan and Umur, 1998)
		4.82%	Horse	(Umur and Acici, 2009)
		16.13%	Donkey	(Umur and Acici, 2009)
		11.53%	Mule	(Umur and Acici, 2009)
Gastrodiscus aegyptiacus	Nigeria	16.7%	Horse	(Nwosu and Stephen, 2005)
	Pakistan	1.5%	Horse	(Saeed *et al.*, 2010)

2.2.4. Protozoários

As espécies de protozoários prevalentes em equinos a nível mundial incluem: *E. leuckarti, G. intestinalis* e *Cryptosporidium* spp. Todos esses agentes infecciosos parecem ter pouco significado clínico em cavalos; embora, raros casos de diarreia tenham sido relatados em animais mais jovens (Zajac e Conboy, 2011). Entre eles, dois géneros Cryptosporidium e Giardia são frequentemente encontrados em todos os vertebrados, incluindo humanos, enquanto o único género Eimeria tem importância veterinária. Em todo o mundo, vários estudos apresentam dados de infeção por Cryptosporidium em potros aparentemente saudáveis nos Estados Unidos (Coleman *et al.*, 1989; Dippier *et al.*, 1988), em França (Lengronne *et al.*, 1985), no Canadá (Gajadhar *et al.*, 1985), em Itália (Canestri-Trotti e Visconti, 1985) e em Espanha (Fernandez *et al.*, 1988).

A taxa de infeção por protozoários é muito elevada nos potros, podendo atingir 80% (Xiao e Herd, 1994), ao passo que nos equídeos mais velhos a taxa varia entre 0,33% e 9% (Forde *et al.*, 1998; Majewska *et al.*, 1999; Sturdee *et al.*, 2003). As taxas de infeção podem também variar em função do maneio, das condições meteorológicas, da densidade de alimentação, da localização e do sexo dos equídeos. A primeira vez que a giardíase em equídeos foi registada por Fanthan (1921). Posteriormente, existem poucos relatos a nível mundial, afectando apenas alguns equídeos (Manahan, 1970; Bemrick *et al.*, 1979; Kirkpatrick e Skand, 1985). Noutro estudo, a infeção por *Giardia* spp. foi de 20% num total de 34 equídeos (Olson *et al.*, 1997). Estima-se que o valor da infeção seja quase negligenciável em 300 equídeos de recreio, dos quais apenas 2 foram considerados positivos (0,66%) com *Giardia* spp. *(Forde et al.*, 1998).

Na América do Norte (Estados de Ohio e Kentucky), um estudo revelou que a prevalência de diferentes protozoários spp. era de 17% a 35% em potros jovens (Xiao e Herd, 1994). Existem relatórios mundiais sobre *Eimeria* spp. elaborados por Barker e Remmler (1972) no Canadá; (Battelli *et al.*, 1995) em Itália; (Johnstone *et al.*, 1982) na Nova Zelândia; (Reppas e Collins, 1995) na Austrália; (Sheahan, 1976) na Irlanda; (Levine, 1986) em países africanos; (Sutoh *et al.*, 1976) no Japão e (Bauer e Burguer, 1984; Epe *et al.*, 1993; Beelitz *et al.*, 1994) na Alemanha.

A alta prevalência de *E. leuckarti* (64,9%) foi relatada em animais mais jovens (até um ano de idade) por Beelitz et al. (1996), embora ocasionalmente observada em animais adultos (Bauer, 1990). No Brasil (Estado de São Paulo), *E. leuckarti* foi supostamente o agente causador de ceco-cólicas e intussuscepções em equinos (White *et al.*, 1988; Gaughan e Hackett, 1990; Figueiredo *et al.*, 1993). No Kentucky, dois cientistas avaliaram

14 explorações de equídeos e referiram que (41,6%) de 733 animais estavam infectados com *E. leuckarti* (Lyons e Tolliver, 2004).

Nos países europeus, o baixo valor de *E. leuckarti* foi registado como 1% por Bauer e Burguer (1984). Na Grécia, em 1997, *E. leuckarti* foi a única espécie de protozoário registada com uma prevalência de 2,6% (Sotiraki *et al.*, 1997). Recentemente, em 2009, este parasita foi detectado apenas em animais de pastagem (Papazahariadou *et al.*, 2009).

Em vários estudos foi identificado *Cryptosporidium* spp., a infeção varia e pode atingir percentagens elevadas. De acordo com Johnson et al. (1997), entre 91 equinos, a ocorrência de *Cryptosporidium* spp. foi relatada como 3,2% e no Brasil foi de 40% por Silva et al. (1996).

2.3. Artrópodes-Larvas

Muitos autores publicaram larvas de artrópodes nos seus estudos (Di Pietro *et al.*, 1992; French *et al.*, 1992; Lyons *et al.*, 1992; Reinemeyer e Tineo, 1993; Bello e Laningham, 1994; Xiao *et al.*, 1994; Corba *et al.*, 1995; Jacobs *et al.*, 1995; Monahan *et al.*, 1995). Os bots são larvas de moscas que residem no estômago e podem causar ulcerações através dos seus movimentos migratórios. Estas são muito tenazes e, em números reduzidos, não são delinquentes. As úlceras provocam dor e podem levar a todos os tipos de problemas relacionados com a redução do apetite, por exemplo, cólicas. As espécies importantes da mosca *Gasterophilus (G.)* incluem: *G. nasalis, G. inerrmis* e *G. intestinalis,* que são mais abundantes em equinos (Ibraiev, 1991). Há cerca de 35 anos, a prevalência de diferentes *Gasterophilus* spp. foi registada como *G. intestinalis* 85% e *G. nasalis* 80% (Hass, 1979). Existem dados disponíveis sobre larvas de mosca-botão de muitas outras partes do mundo, tais como 71% nos EUA (Reinemeyer *et al.*, 1984), 81% na Austrália (Bucknell *et al.*, 1995) e 40% na Europa (Gawor, 1995). Além disso, existem vários outros relatórios sobre a ocorrência de larvas de moscas varejeiras no trato gastrointestinal de equídeos (Dunsmore e Jue Sue, 1985; Mfitilodze e Hutchin son, 1989).

2.4. Determinantes associados ao parasitismo gastrointestinal em equídeos

Os factores de risco associados são os que estão relacionados com o estado físico do animal e com o meio envolvente e que o tornam mais ou menos vulnerável à infeção. Considera-se que os factores de risco associados podem influenciar a presença ou ausência de parasitas na população animal suspeita (Thrusfield, 2007). Alguns destes factores incluem: tipo de pastagem, raça, práticas de maneio, anti-helmínticos, resistência aos anti-helmínticos, variação sazonal, idade, sexo dos animais, hospedeiro intermediário, densidade de alimentação e estado imunitário dos animais, que foram considerados correlacionados com a epidemiologia das doenças em equídeos (Thrusfield, 2007; Koma's *et al.*, 2010).

Dois investigadores descreveram uma relação entre as incidências de parasitismo GI e a idade dos hospedeiros (Foster e Ortiz, 1937). Alguns cientistas referem que o *P. equorum* é mais prevalente em animais com menos de 5 anos de idade (Dunsmore e Jue Sue, 1985; Mfitilodze e Hutchinson, 1989; Bucknell *et al.*, 1995). No passado, os cientistas etíopes classificaram os equídeos em função da gravidade da infeção, o que pode dever-se a factores de risco associados (Gebreab, 1998; Fikru *et al.*, 2005). Recentemente, em 2010, na mesma área, foi registada uma prevalência de 51% (mais de 1000 EPG) de parasitismo GI (Getachew *et al.*, 2010). Noutro estudo, Bucknell et al. (1995) descreveram um efeito importante das condições geo-climáticas. Na Etiópia, um estudo baseado em EPG (2 anos de duração) em cavalos apresentou os dados, o parasitismo GI torna-se mais elevado na estação das chuvas em comparação com a estação seca. Tal como em África, os estudos indicam que um ambiente mais frio é desfavorável ao crescimento do parasitismo GI, ao passo que uma temperatura quente e húmida é favorável (Mfitilodze e Hutchinson, 1989; Ayele, 2006; Fikru *et al.*, 2005; Yoseph *et al.*, 2005; Mushi *et al.*, 2003). Valdez-Cruz et al. (2013) indicam que as condições ambientais tropicais são propícias à transmissão de nemátodos GI a equídeos de trabalho. O sistema de alojamento dos equídeos é um fator predisponente para o parasitismo GI. Os equídeos que vivem com outros animais têm mais hipóteses de contrair a infeção (Brockwell *et al.*, 1998). O sistema de alimentação dos equídeos é também um fator predisponente significativo no parasitismo gastrointestinal dos equídeos (Wells *et al.*, 1998). A infeção em equídeos em pastoreio foi maior do que em equídeos estabulados (Pereira e Vianna, 2006). Tal como existem relatórios sobre o pastoreio comum, os animais jovens com animais mais velhos podem aumentar a infeção nos animais mais velhos (Arundel, 1985).

2.5. Controlo do Parasitismo GI

Nos últimos 60 anos, têm sido utilizados fármacos anti-helmínticos para controlar o parasitismo gastrointestinal, que podem ser administrados por várias vias, por exemplo, (a) oral (b) parentérica (Lyons *et al.*, 1999). Observa-se que uma maior eficácia da ivermectina e do pirantel leva a uma menor prevalência de parasitismo GI (Munoz *et al.*, 1994; Visser *et al.*, 2001; Marchiondo *et al*, 2006), pois observa-se claramente que os cavalos tratados com medicamentos anti-helmáticos têm uma quantidade de ovos por grama significativamente menor do que os não tratados (Drudge e Lyons, 1966; Uhlinger, 1990; Lind *et al.*, 1999; Lloyd *et al.*, 2000; Earle *et al.*, 2002; Matthee *et al.*, 2002; Lind *et al.*, 2007; Fritzen *et al.*, 2010). A ivermectina tem alguns efeitos secundários no local de aplicação, principalmente um inchaço moderado, que é ligeiramente doloroso ao toque e que se mantém durante 2 semanas após a medicação (Thomas e Tobert, 1980; Klei, 2000). Os principais problemas no controlo destes parasitas GI incluem: a complexidade das espécies de nemátodos e a resistência anti-helmíntica (Bauer *et al.*, 1986; Craven *et al.*, 1998; Boersema *et al.*, 1991; Kaplan *et al.*, 2004; Slocombe *et al.*, 2007; Lyons *et al.*, 2011). Em todo o mundo, a investigação sobre a expansão dos ensaios de diagnóstico molecular e os testes de controlo bioquímico e biológico de parasitas encontra-se numa posição frágil devido à necessidade de discutir com uma autoridade a identificação morfológica de adultos colhidos em exames de necropsia. No entanto, em curso, os cientistas identificaram a relação molecular das espécies de parasitas GI com o objetivo de (1) desenvolver marcadores moleculares para as fases pré-parasitária e parasitária e (2) classificação preditiva dos parasitas. (Kaye *et al.*, 1998; Hung *et al.*, 2000; McDonnell *et al.*, 2000; Hodgkinson *et al.*, 2001)

CAPÍTULO 3
MATERIAIS E MÉTODOS

3.1. Área de estudo

Faisalabad situa-se entre 30-35° e 31-47° de latitude norte e 72-01° e 73-40° de longitude leste. Está rodeada pelas cidades de Sheikhupura, Lahore, Chiniot, Jhang, Gojra, Sahiwal e Okara. A área metropolitana de Faisalabad tem uma superfície de 5 856 km^2 (2 261 milhas quadradas) e é constituída por quatro cidades. A área de estudo tem quatro estações, a saber, o verão (maio a julho), o outono (agosto a outubro), o inverno (novembro a janeiro) e a primavera (fevereiro a abril). O clima da área de estudo pode registar extremos, com uma temperatura máxima de verão de 50°C (122 °F) e uma temperatura de inverno de 2°C (28 °F). A temperatura média máxima e mínima no verão é de 39 °C (102 °F) e 27 °C (81 °F), respetivamente. No inverno, o pico é de cerca de 17 °C (63 °F) e 6 °C (43 °F), respetivamente. A maior parte da área de estudo no distrito compreende a zona árida. junho e julho são os meses mais quentes do ano, com uma temperatura média máxima de 55 °C. O clima da área de estudo era extremamente quente no verão e frio no inverno. No distrito de Faisalabad, foram registados 148813 equídeos, dos quais cerca de 45000 estão presentes na área metropolitana de Faisalabad (Anonymus, 2006).

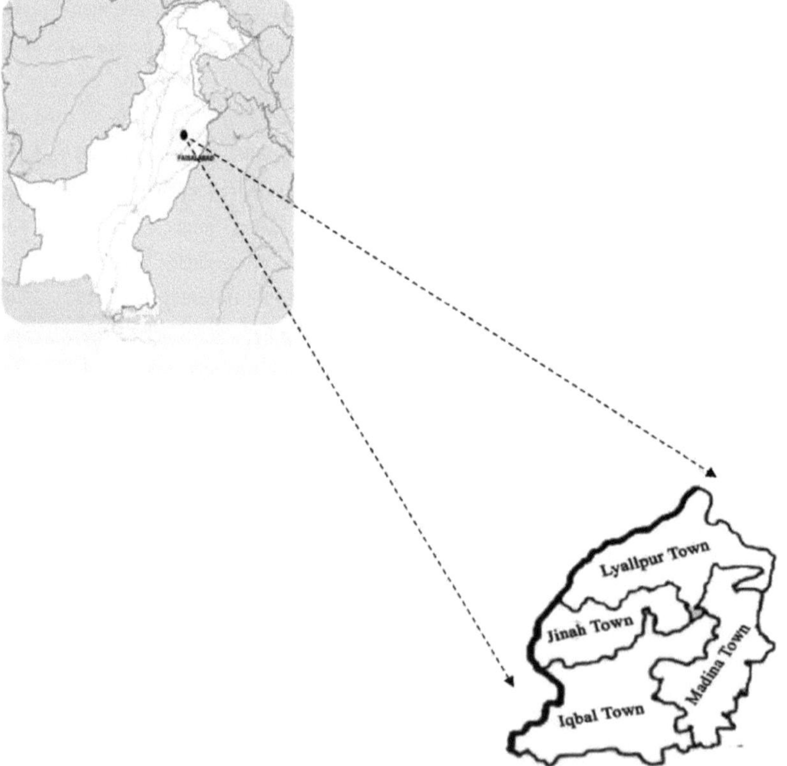

Figura 3.1. Mapa físico do Paquistão mostrando a área de estudo (Faisalabad Metropolitan)

com as suas quatro divisões administrativas (cidades). (1) Cidade de Lyallpur, (2) Cidade de Madina, (3) Cidade de Jinnah, (4) Cidade de Iqbal

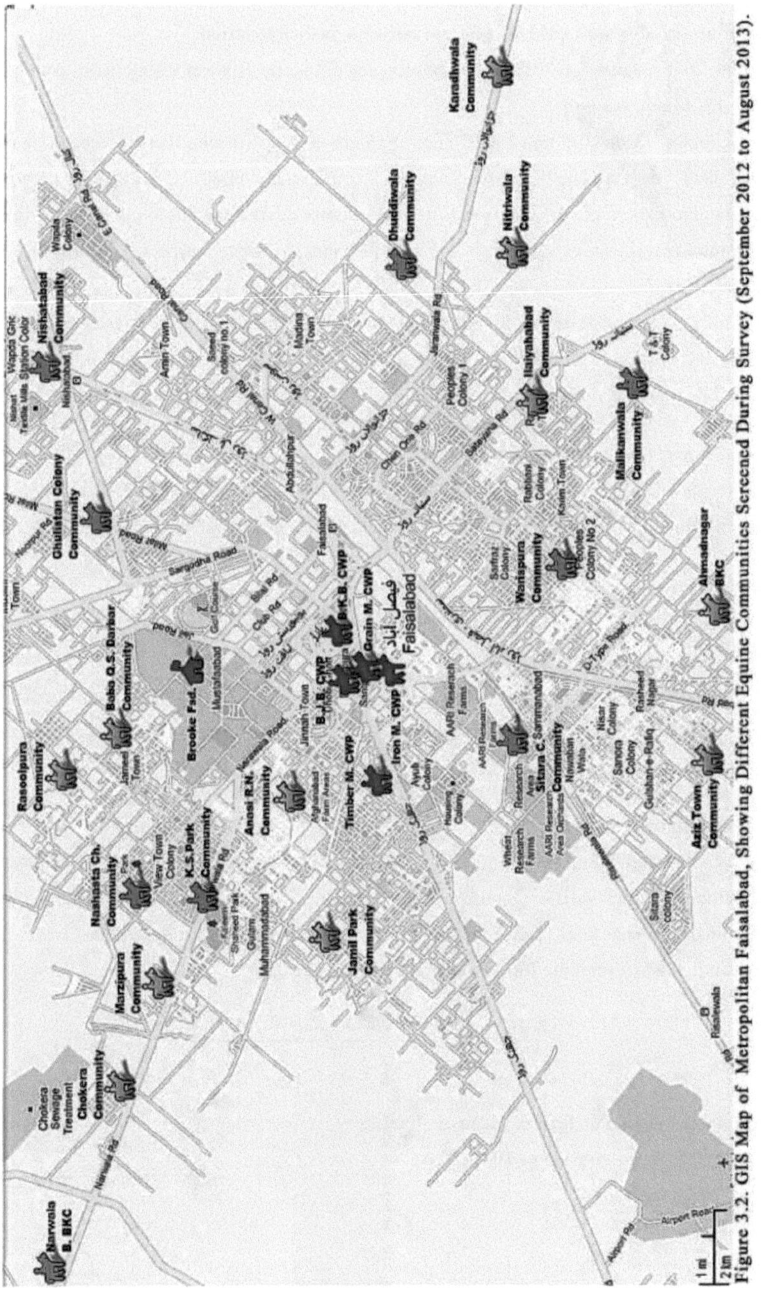

Figure 3.2. GIS Map of Metropolitan Faisalabad, Showing Different Equine Communities Screened During Survey (September 2012 to August 2013).

3.2. Seleção de animais

Foi utilizada uma amostragem por conveniência para selecionar os animais do estudo (Thrusfield, 2007).

3.3. Factores associados aos equídeos e ao parasitismo gastrointestinal

De setembro de 2012 a agosto de 2013, foram observados diferentes factores relacionados com o parasitismo GI e a gestão dos equídeos.

Estes factores foram: idade (0-5 anos/ 6-15 anos/ >15 anos), sexo (macho/fêmea), espécie (cavalo/ burro/ mula), finalidade da criação (tração/ recreio/ cerimonial/ ético), pontuação corporal (muito pobre/pobre/moderado/bom/gordo/muito gordo) e antecedentes de desparasitação (sim/não/medicamento).

Foi estimada uma associação entre a prevalência de parasitas, a idade, a espécie e a raça dos animais e a prevalência da doença.

Para obter as informações necessárias, foi elaborado um questionário pré-concebido (Anexo I) com perguntas abertas e fechadas (dicotómicas ou de escolha múltipla). Foi realizado um inquérito-piloto para aperfeiçoar as perguntas antes de iniciar a vigilância efectiva na zona de estudo (Thrusfield, 2007).

3.4. Recolha, conservação e transporte de fezes

As amostras fecais (5-10g) foram colhidas diretamente do reto utilizando luvas estéreis e depois transferidas para frascos de colheita de amostras McCartney contendo 5-10% de formalina (Zajac e Conboy, 2011).

3.5. Exame de fezes

Antes de efetuar testes específicos nas amostras fecais, foram feitas observações sobre o aspeto geral, consistência, cor e presença de muco. A presença de sangue é indicativa de uma infeção parasitária especial. Para o exame microscópico, uma pequena quantidade de amostra fecal foi misturada com água destilada, e a mistura foi espalhada uniformemente na lâmina, que foi então coberta com uma lamínula e examinada ao microscópio (Zajac e Conboy, 2011).

3.5.1. Exame quantitativo de fezes

Para avaliar a concentração de ovos, foi utilizado o método de contagem de ovos fecais. Depois de misturar a solução de flutuação (cone. NaCI) e a amostra fecal, o material menos denso acabou por flutuar para o topo. Para a contagem de ovos nas fezes, foi efectuado o "teste de McMaster modificado", numa câmara de contagem de McMaster, utilizando a seguinte fórmula (Zajac e Conboy, 2011):

$$\frac{Egg}{g} = \frac{\left[no\ of\ eggs\ counted \times \left(\frac{\mathrm{T}}{\mathrm{V}}\right)\right]}{\mathrm{F}}$$

Onde

T = volume total da mistura de fezes/solução de flotação

V = volume da alíquota examinada na lâmina

F = gramas de fezes utilizadas.

G= grama de fezes

Figura 3.3. Lâmina de McMaster utilizada no procedimento de McMaster modificado para a contagem quantitativa de ovos (Zajac e Conboy, 2011).

3.5.2. Cultura fecal

Após a recolha de fezes frescas de equídeos, estas foram cuidadosamente misturadas e humedecidas com água se estiverem secas. As fezes foram colocadas numa taça ou num frasco, numa camada de vários centímetros de profundidade.

A cultura foi mantida à temperatura ambiente durante 10-20 dias ou a 27°C durante 7 dias. A agitação diária da cultura inibiu o crescimento de bolores e fez circular o oxigénio para as larvas em desenvolvimento. Adicionava-se água adicional quando as fezes começavam a secar. Após o período de cultura, a recolha de larvas foi efectuada com o teste de Baermann (Zajac e Conboy, 2011), como indicado abaixo:

- Pelo menos 10 g de fezes cultivadas foram colocadas num pedaço de pano de algodão de dupla camada. A gaze foi colocada à volta da amostra de modo a que esta ficasse completamente fechada. Utilizando um elástico, prendia-se a gaze e, através do elástico, passavam-se dois lápis que se apoiavam nos bordos do vidro ou do funil e suspendiam a amostra.
- Em seguida, enche-se o funil ou o copo de vinho com água morna. Assegurou-se que os cantos da gaze não ficavam pendurados no bordo do funil ou do copo, pois serviriam de pavio para a água.
- A amostra foi deixada em repouso durante pelo menos 8 horas, de preferência durante a noite.
- Utilizando um copo de plástico descartável, a amostra fecal foi removida e o material foi recolhido no fundo da haste oca utilizando uma pipeta ou seringa Pasteur. Uma parte do fluido foi transferida para uma lâmina de microscópio, uma lamela e examinada com uma lente objetiva de 4X ou 10X.

Figura 3.4. Cultura fecal de amostras de fezes infectadas com parasitas gastrointestinais.

3.6. Necropsia de equídeos submetidos a eutanásia para recolha direta de parasitas

As necropsias foram efectuadas em equídeos no "Brooke Hospital for Animals Faisalabad", de acordo com Soulsby (1982). Para a recolha e preservação, os materiais necessários incluem: recipientes, água, tesouras, pinças, placas de Petri, pinças de ligação e solução salina fisiológica. Os helmintas extraídos foram colocados em placas de Petri contendo solução salina normal. Antes da fixação, os vermes foram fixados em etanol a 5% à temperatura ambiente. Posteriormente, os espécimes foram transferidos para formalina a 10% ou etanol a 70% para preservação. Os espécimes recolhidos foram processados de acordo com os procedimentos parasitológicos padrão antes da sua identificação taxonómica utilizando as chaves disponíveis (Zajac e Conboy, 2011).

3.6.1. Exame do trato alimentar para deteção de parasitas gástricos e entéricos

Os tractos alimentares foram retirados dos animais após ligadura de cada extremidade. Posteriormente, os estômagos, o intestino delgado e o intestino grosso foram isolados separadamente por meio de uma dupla legenda nos locais de contacto. Após a abertura, o conteúdo das três porções do trato alimentar foi examinado a olho nu, tendo sido retirados 2-3 g do seu conteúdo e colocados num recipiente separado para exame posterior.

3.6.2. Exame de outros órgãos internos

O fígado, os pulmões e as cavidades serosas foram examinados para a deteção de helmintas. Os vermes colhidos foram lavados várias vezes em soro fisiológico para remover mucosas e detritos antes do exame.

O conteúdo de cada parte do intestino foi peneirado através de um crivo de malha com aberturas de 1 mm e depois lavado com água da torneira até não passarem mais matérias coradas. O crivo foi evacuado para um tabuleiro ou bacia adequados contendo um pouco de solução salina. Pequenas quantidades deste conteúdo foram colocadas numa placa de Petri, diluídas com água e examinadas com uma lente de mão e um microscópio de dissecação. A preparação, fixação, conservação e identificação dos helmintas detectados foram efectuadas de acordo com Soulsby (1982).

3.7. Identificação, coloração e montagem permanente de parasitas e protozoários adultos

Os nemátodes são vermes redondos, os cestodes têm corpos segmentados atrás do escólex, enquanto os trematódes têm corpos achatados semelhantes a folhas (Soulsby, 1982), mas para a identificação das espécies os nemátodes, cestodes e trematódes recolhidos foram corados e montados utilizando os protocolos normalizados da seguinte forma

3.7.1. Nemátodos

Foi utilizada uma solução de etanol a 70% e glicerina a 5% como fixador, depois de aquecida a 60 °C. Os vermes foram mantidos no copo e incubados a 37 °C. Após a evaporação do álcool etílico, os nemátodos foram mergulhados em glicerina durante alguns minutos. A fase de limpeza dos vermes foi efectuada em lactofenol. Os nemátodos foram colocados em lâminas de vidro limpas e o excesso de glicerina foi removido. A montagem foi efectuada com DPX e as lâminas foram seladas com verniz para unhas.

3.7.2. Cestodes

Os espécimes de cestóides recolhidos foram colocados em água a uma temperatura de 40 °C durante uma hora. A fixação foi efectuada em solução de formalina a 5% antes de ser transferida para álcool a 70% (conservante). Os cestodes conservados foram colocados na coloração de paraermina de Mayer durante um dia. Em seguida, os vermes foram transferidos para álcool a 70% para descoloração, dependendo da coloração adquirida pelo corpo do verme, e depois foram lavados em água destilada. A desidratação foi efectuada em concentrações graduais de álcool, em três etapas: álcool a 70% durante 15 minutos cada, álcool a 95% durante uma hora e três mudanças de álcool absoluto durante 15 minutos cada. O clareamento foi efectuado em xilol seguido de montagem com DPX.

3.7.3. Protozoários

Os protozoários foram isolados do material fecal dos equídeos. Uma pequena quantidade da amostra foi dissolvida numa solução de NaCl (Urqohart, 1996). Tomou-se uma gota da solução e espalhou-se sobre uma lâmina de vidro limpa, seguindo-se as seguintes etapas (a) secagem (o esfregaço foi seco ao ar), (b) fixação (em metanol a 100% durante 10-20 minutos), (c) coloração (utilizando o corante de Giemsa diluído em álcool metílico), (d) desidratação (em álcool etílico a 50%, 70% e 100%), (e) clarificação em xilol a 100%, e (f) montagem utilizando DPX. As lâminas foram examinadas num microscópio composto a 40X para identificação de quistos de protozoários e/ou trofozoítos.

3.8. Micrometria

A medição do tamanho dos ovos, larvas ou parasitas adultos foi efectuada por micrometria. Resumidamente, o micrómetro ocular foi fixado na lente, enquanto que o micrómetro de palco foi fixado no palco. Determinou-se o ponto em que as linhas dos dois tipos de micrómetros coincidem uma com a outra. Anotou-se a leitura e retirou-se o micrómetro da platina. Colocou-se a câmara de contagem de ovos McMaster na barra da platina e determinou-se o tamanho do ovo, da larva ou do parasita segundo o método ilustrado por Urquhart (1996).

3.9. Parâmetros clínicos

Os parâmetros clínicos, incluindo a frequência cardíaca (batimentos/minuto), a temperatura (°F) e a frequência respiratória (respiração/minuto), também foram registados durante o rastreio dos animais (Radostits, 1999).

3.10. Análises estatísticas

A prevalência de parasitas GI foi analisada por qui-quadrado, regressões logísticas múltiplas e o rácio de odd (OR) ao nível de confiança de 95% foi utilizado para determinar qualquer associação estatística positiva ou negativa dos factores determinantes que influenciam a epidemiologia dos parasitas GI na população equina da área de estudo (Thrusfield, 2007). Todos os parâmetros estatísticos foram calculados utilizando o software estatístico winpepi versão 11.23.

CAPÍTULO 4
RESULTADOS E DISCUSSÃO

Os helmintas (nemátodos, trematodos e cestádios), os protozoários e as suas infecções mistas foram avaliados ao longo do ano (setembro de 2012 a agosto de 2013).

Foi rastreado um total de n=3456 equídeos de 17 comunidades equinas da área metropolitana de Faisalabad com a colaboração profissional do Brooke Hospital for Animals Faisalabad. Os valores numéricos das diferentes variáveis e da população equina rastreada são apresentados no quadro 4.1.

4.1. Prevalência de Parasitas Gastrointestinais em Equídeos

De um total de 3456 equídeos, 1562 (45,1%) eram positivos para parasitas gastrointestinais (helmintas e protozoários).

Os parasitas predominantemente encontrados nas fezes dos equídeos incluem: *P. equorum* (34,60%), *Anoplocephala* spp. (17,90%), *Strongyles* spp. (14,90%), *D. arnfieldi* (6,50%), *E. leuckarti* (5,10%), *Giardia* spp (5.70%), *O. equi* (5,50%), *St. westeri* (4,90%), *Dr. megastoma* (4,00%), infeção mista (3,77%), *Ga. aegyptiacus* (3,20%) e *Habronema* spp. (0,96%). Durante este estudo, estima-se que os nemátodos estavam em maior frequência (71,7%) em comparação com o resto dos parasitas GI (Tabela 4.2). A micrometria foi utilizada para a identificação posterior ao nível da espécie e da subespécie (Quadro 4.3).

4.2. Factores associados ao parasitismo gastrointestinal nos equídeos

4.2.1. Idade dos equídeos

Entre as três categorias etárias, os animais jovens (21,0%) foram os mais infectados, seguidos dos mais velhos (14,4%) e dos adultos (9,6%), o que mostra que os animais jovens têm uma associação significativamente mais elevada (P<0,05) com parasitas GI, seguidos dos mais velhos e dos adultos (Quadro 4.4).

Os nemátodos, incluindo *St. westeri* e *P. equorum*, foram estatisticamente associados ao grupo etário dos 0-5 anos. Entre os protozoários, *Giardia* spp. e *Eimeria* spp. estavam ambos estatisticamente associados a dois grupos etários, 0-5 anos e >15 anos.

4.2.2. Objetivo da criação de equídeos

O estudo revelou que os equídeos mantidos para fins éticos, cerimoniais e recreativos não estavam estatisticamente associados (P>0,05) a infecções parasitárias, em comparação com os mantidos para fins de tração (transporte de bens, tijolos e pessoas) (Quadro 4.5).

Os equídeos mantidos para fins de transporte foram estatisticamente (P=0,000) associados ao parasitismo GI.

Tabela 4.1. Variáveis estudadas durante o rastreio da população equina da área metropolitana de Faisalabad, Punjab, Paquistão.

Sr No.	Variables	Level	Equine Screened
1	Age	0-5 years	799
		6-15 years	1505
		>15 years	1152
2	Sex	Male	2137
		Female	1319
3	Purpose of equine keeping	BKC*	845
		BKP*	280
		TPC*	814
		TGC*	675
		Recreational	607
		Ceremonial	213
		Ethical	22
4	Body scoring	Very poor	1333
		Poor	878
		Moderate	800
		Good	333
		Fat	112
5	Equine species	Horse	1083
		Donkey	1882
		Mules	491
6	Deworming history	Dewormed	2021
		Not dewormed	1435

Em que: BKC* = Utilização de um carrinho através de uma linha de tijolos, BKP* = Carrossel embalado através de uma linha de tijolos, TGC* = Transporte de mercadorias através de um carrinho, TPC* = Transporte de pessoas através de um carrinho.

Tabela 4.2. Prevalência de parasitismo gastrointestinal (helmintos e protozoários) na população equina da região metropolitana de Faisalabad, Punjab, Paquistão.

Sr. No.	Parasites Groups	Equines Positive for GI* Parasites (N)	Equines Positive for Parasites Groups (n)	Prevalence (n/N×100)	95% CI*		Chi-Square	P-value
					LL*	UL*		
1	Nematode	1562	1121	71.7%	69.40	73.93	3054.11	0.000
2	Cestode	1562	280	17.9%	16.05	19.92		-
3	Trematode	1562	50	3.20%	2.39	4.20		-
4	Protozoa	1562	170	10.8%	9.32	12.47		-
5	Mixed	1562	59	3.7%	2.83	4.77		-

Em que: LL*= Limite inferior, UL*= Limite superior, GI*= Gastrointestinal, CI*= Intervalo de confiança

Tabela 4.3. Intervalos micrométricos de diferentes espécies de parasitas gastrointestinais prevalentes na área metropolitana de Faisalabad, Punjab, Paquistão.

Sr. No.	Class	Parasites	Width (μm)	Hight (μm)
1	Nematodes	*Parascaris equorum*	80–100	90–100
		Strongyles spp.	35–60	55–120
		Dictyocalus arnfieldi	46–58	74–96
		Strogyloides westeri	32–40	40–52
		Oxyuris equi	40–45	85–95
		Draschia megastoma	10–12	40–50
		Habronema spp	10–12	40–50
2	Cestode	*Anoplocephla* spp.	65–80	65–80
3	Trematode	*Gastrodiscus aegyptiacus*	90–100	90–100
4	Protozoa	*Giardia* spp.	7	6
		Eimeria spp.	55–59	80–88

Figura 4.1. Prevalência de equídeos por idade na área metropolitana de Faisalabad, Punjab, Paquistão.

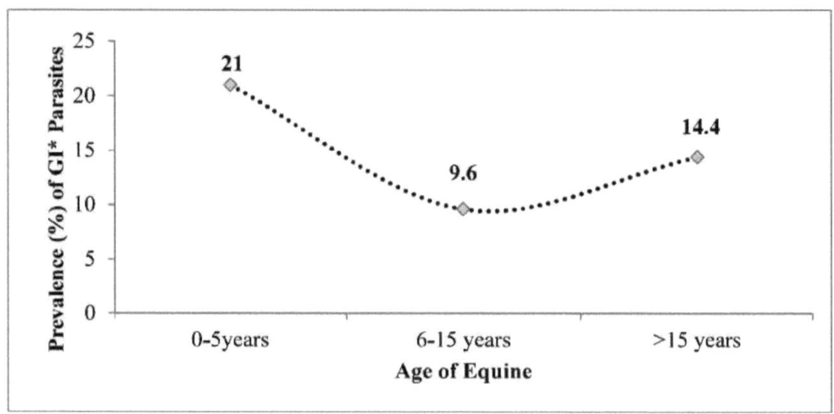

Em que; GI*= Gastrointestinal

Tabela 4.4. Valores estatísticos de todos os grupos etários de equídeos infectados com parasitas gastrointestinais na área metropolitana de Faisalabad, Punjab, Paquistão.

Sr. No.	Equine Age Groups	Equine Screened (N)	Animals Positive with GI* Parasites age wise (n)	Prevalence (%) (n/N×100)	95% CI*		Chi-square	P-Value
					LL*	UL*		
1	0-5 years	3456	727	21.0	19.6	22.4	175.93	0.000
2	6-15 years	3456	334	9.6	8.64	10.6		-
3	>15 years	3456	501	14.4	13.2	15.6		-

Em que: LL*= Limite inferior, UL*= Limite superior, GI*= Gastrointestinal, CI*= Intervalo de confiança

Tabela 4.5. Prevalência (%) e valores estatísticos de parasitas gastrointestinais na área metropolitana de Faisalabad, Punjab, Paquistão.

Sr. No.	Purpose of Equine	Equine Screened (N)	Equine Positive for GI* Parasites (n)	Prevalence (%) (n/N×100)	95% CI*		Chi-square	P-Value
					LL*	UL*		
1	BKC*	3456	358	10.35	9.36	11.42		0.000
2	BKP*	3456	116	3.3	2.73	3.95		-
3	TPC*	3456	335	9.6	8.64	10.64		-

4	TGC*	3456	386	11.1	10.08	12.21	588.098	-
5	Recreational	3456	224	6.4	5.60	7.26		-
6	Ceremonial	3456	135	3.9	3.29	4.61		-
7	Ethical	3456	8	0.2	0.08	0.42		-

Em que; LL*= Limite inferior, UL*= Limite superior, GI*= Gastrointestinal, CI*= Intervalo de confiança, BKC* = Utilização de carrinho de mão, BKP* = Selaria embalada em linha de mão, TGC* = Transporte de mercadorias em carrinho de mão, TPC* = Transporte de pessoas em carrinho de mão.

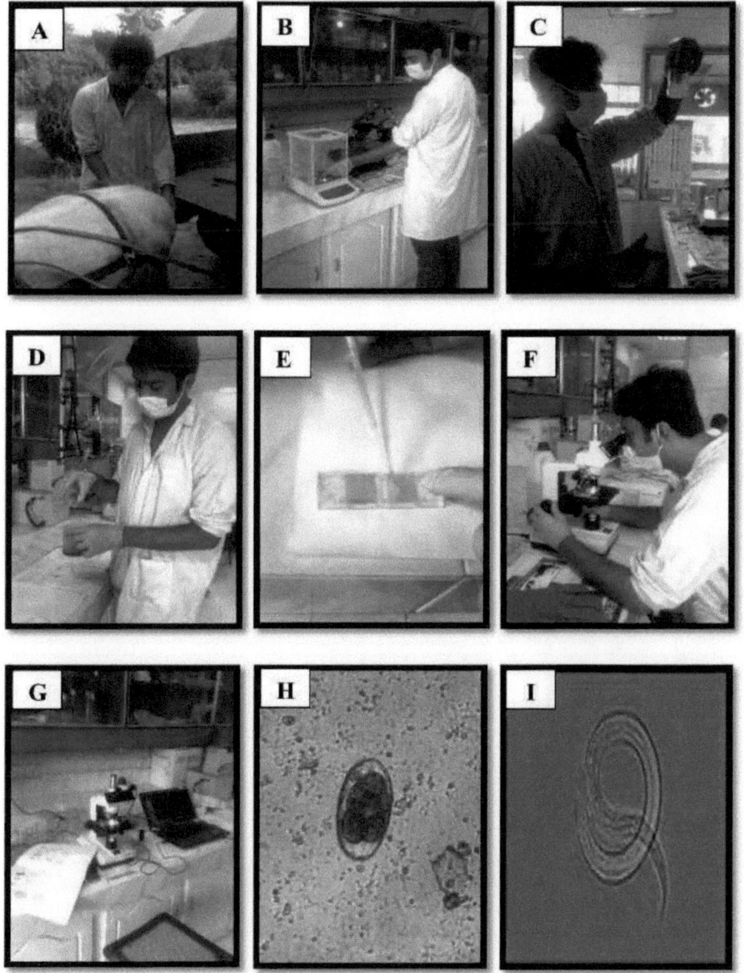

Placa 4.1. Vista pictórica dos procedimentos de recolha e manuseamento de amostras fecais da população equina da área metropolitana de Faisalabad, Punjab, Paquistão. (A) colheita de amostras

fecais do reto, (B) pesagem das amostras, (C, D) processamento das amostras fecais através de protocolos normalizados, (E) enchimento da câmara de contagem McMaster com fluido sobrenadante, (F) exame ao microscópio para análise quantitativa, (G) fotomicrografia, (H) fotomicrografia (10X) de ovos de *Strongyles* spp. (I) larvas de nemátodos L3 de *Strongyles* spp. eclodidas (teste de Baermann).

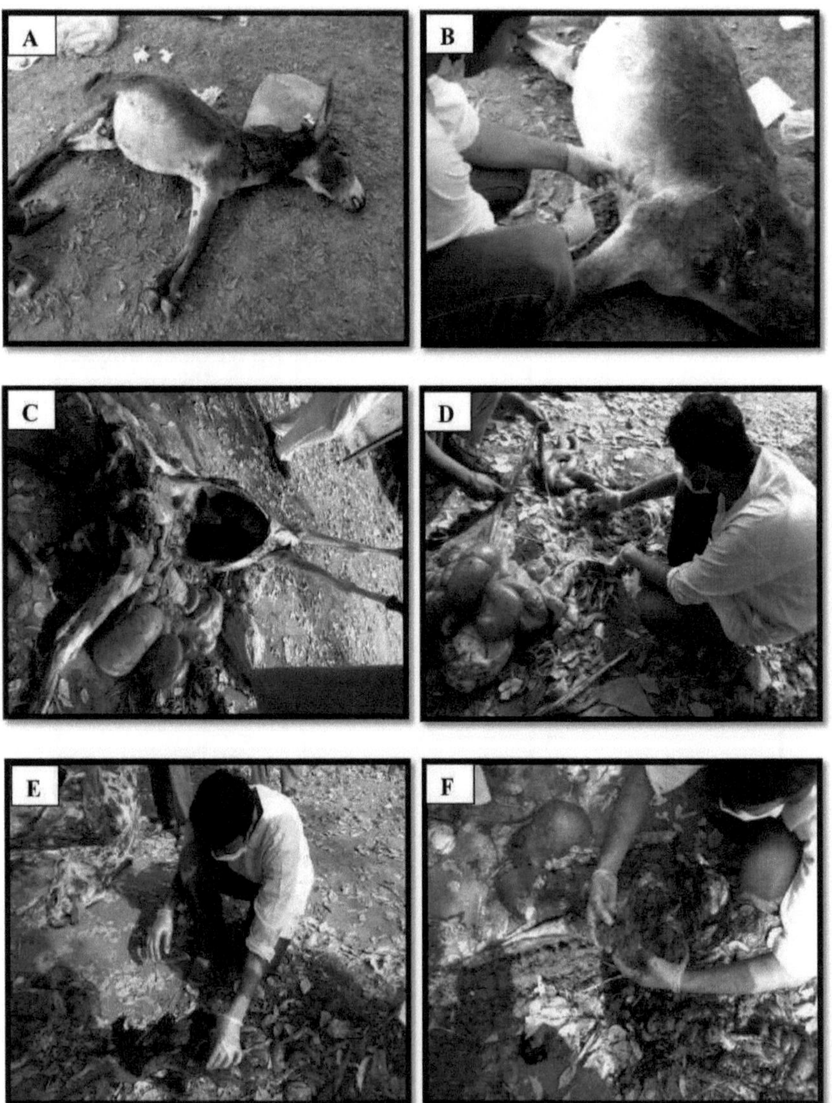

Placa 4.2. Exame necrópsico de equídeos no Brooke Hospital for Animals Faisalabad, Punjab, Paquistão (A) burro morto, (B) abertura do cadáver. (C) desinserção do sistema gastrointestinal, (D) exame do cólon, (E)

exame do intestino delgado, (F) deteção de narasitas adultos.

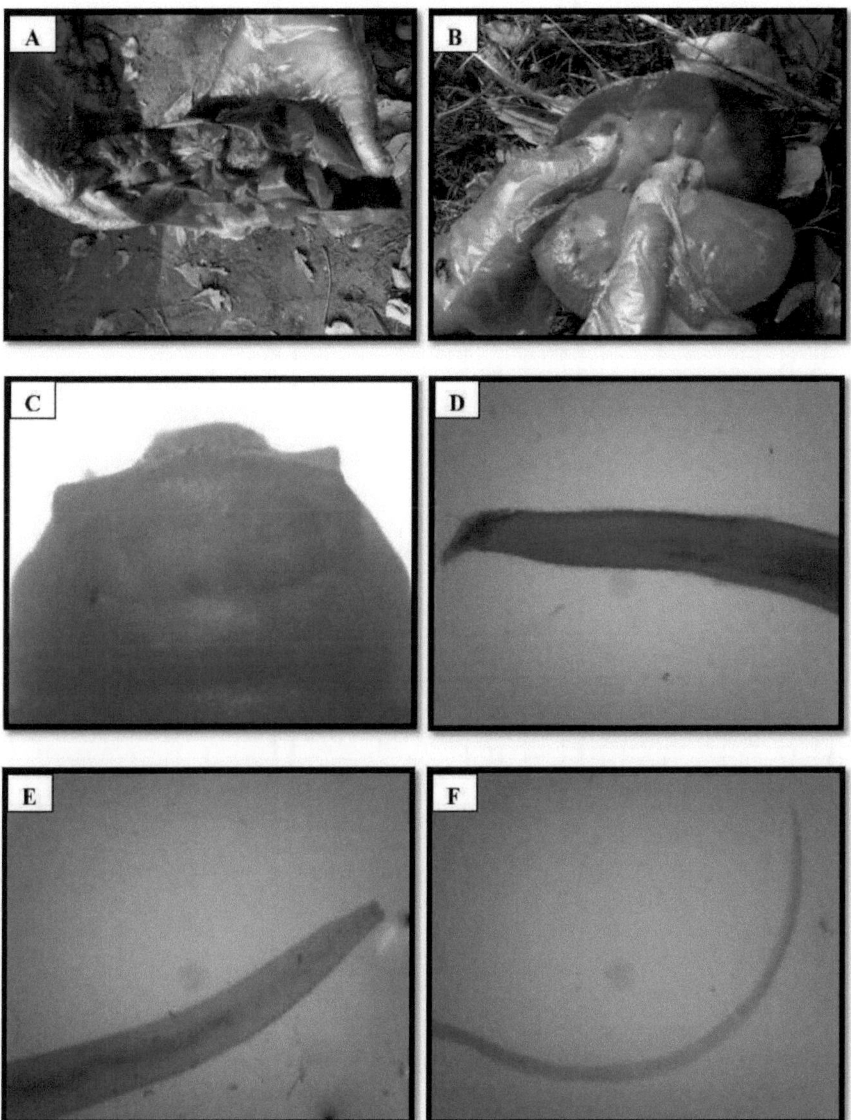

Placa 4.2b. Exame dos órgãos associados e micrografias de parasitas adultos (A, B) exame dos rins, (C) larvas de mosca-do-botão e (D, E, F) nemátodos montados.

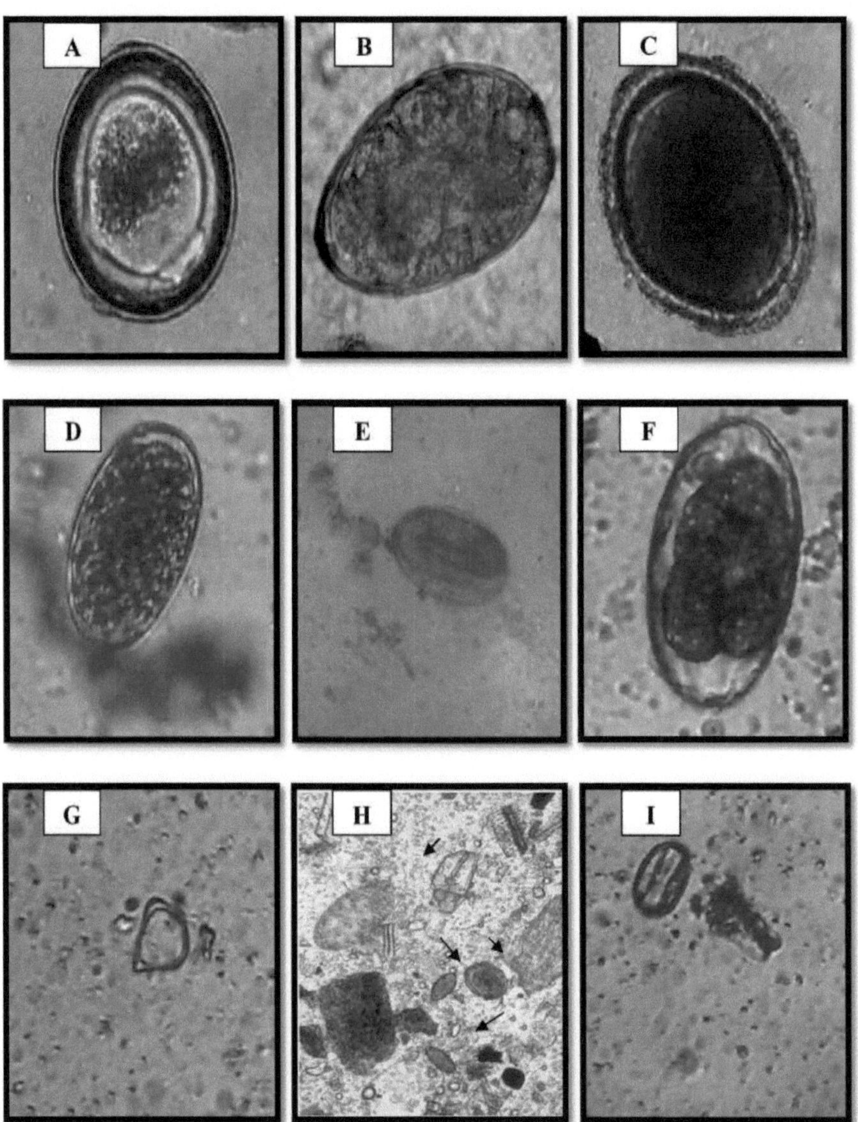

Placa 4.3. Fotomicrografias de ovos de parasitas isolados de amostras fecais da população equina da área metropolitana de Faisalabad, Punjab, Paquistão (A) *P. equorum,* (B) *Ga. aegyptiacus.* (C) *P. equorum* (revestido de laranja) (D) *Strongylus* spp., (E) *D. arnfieldi,* (F) *Strongylus* spp., (G) *Anoplocephla* spp., (H) infeção de tipo misto (com *Ga. aegyptiacus, P. equorum* e *Strongylus* spp), (I) *Habronema* spp.

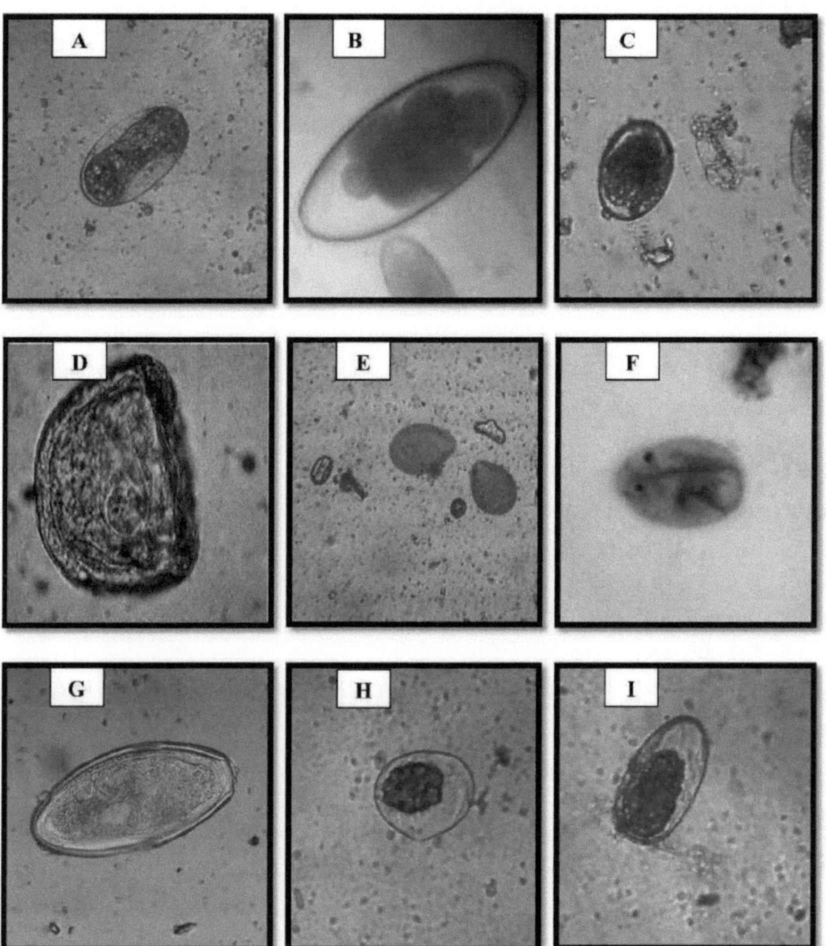

Placa 4.4. Fotomicrografias de ovos de parasitas isolados de amostras fecais da população equina da área metropolitana de Faisalabad, Punjab, Paquistão (A) *St. westeri,* (B) *Strongylus* spp. (C) *St. westeri,* (D) *Anoplocephla* spp. (E) *Eimeria* spp. (F) *Giardia* spp, (G) *O. equi,* (H) *Strongylus* spp. (I) *Strongylus* spp.

4.2.3. Prevalência do parasitismo gastrointestinal em função do sexo

Do total de animais positivos, 657 machos e 905 fêmeas de equídeos foram considerados positivos para vários parasitas GI. Entre as duas categorias de sexo, as fêmeas (26,1%) foram consideradas mais propensas ao parasitismo gastrointestinal do que os machos (19,1%), o que mostra que os equídeos fêmeas têm uma associação significativamente mais elevada (P>0,05) com parasitas gastrointestinais do que os machos (Quadro 4.6).

4.2.4. Prevalência mensal de parasitas

Os parasitas GI foram mais prevalentes durante os meses de junho, julho e agosto, seguidos de março, abril e maio. No entanto, a prevalência mais baixa de parasitas GI foi encontrada nos meses de novembro, dezembro e janeiro, como mostra a Figura 4.3.

Durante este estudo, estima-se que a estação do ano é um fator determinante importante e está fortemente associada ao parasitismo GI em equídeos.

Este estudo revela que o verão foi a estação mais favorável ao crescimento do parasita GI, seguido, por ordem, do outono, da primavera e do inverno.

O crescimento dos parasitas GI nos equídeos está positivamente associado, em termos estatísticos, às estações do ano. A Tabela 4.7 contém a informação pormenorizada sobre as estações do ano e a sua associação com o parasitismo GI.

4.2.5. Parasitismo em equídeos em relação à pontuação corporal

Os equídeos doentes ou com mau estado corporal foram positivamente associados estatisticamente ($P<0,05$) ao parasitismo GI. Os equídeos com boas condições corporais são menos susceptíveis a esta infeção do que as outras categorias (Quadro 4.8).

4.2.6. Prevalência por espécie

Na área metropolitana de Faisalabad, os burros eram mais propensos à infeção gastrointestinal (26,8%) e estão estatisticamente associados ($P<0,05$) à infeção por parasitas gastrointestinais, seguidos pelos cavalos e mulas (figura 4.5).

4.2.7. História anterior de desparasitação e ovos por grama

Do total de equídeos rastreados, 2021 equídeos já estavam desparasitados, pelo que foram negativos para o parasitismo gastrointestinal. Os animais que não foram desparasitados apresentaram uma associação estatisticamente positiva ($P=0,000$) com o parasitismo GI. A maioria dos equídeos examinados parece ser bastante saudável, mas produziu vários tipos de ovos de parasitas gastrointestinais durante os exames fecais, apesar da intervenção potente de desparasitação efectuada pelos proprietários dos equídeos. Tabela 4.9. Mostra os valores de EPG de vários parasitas GI encontrados em fezes recém-esvaziadas de equídeos recolhidos na área metropolitana de Faisalabad.

4.3. Resultados da necropsia

Durante o período de estudo, 12 equídeos foram eutanasiados no Brooke Hospital for Animals Faisalabad, tendo sido submetidos a um rastreio de parasitas adultos colhidos diretamente do trato gastrointestinal, como se mostra nas Placas 4.2 e 4.3. As espécies de parasitas recolhidas foram montadas em lâminas de vidro transparentes e, posteriormente, a identificação foi efectuada utilizando as chaves padrão disponíveis.

Figura 4.2. Prevalência, em função do sexo, de parasitas gastrointestinais na população equina da área metropolitana de Faisalabad, Punjab, Paquistão.

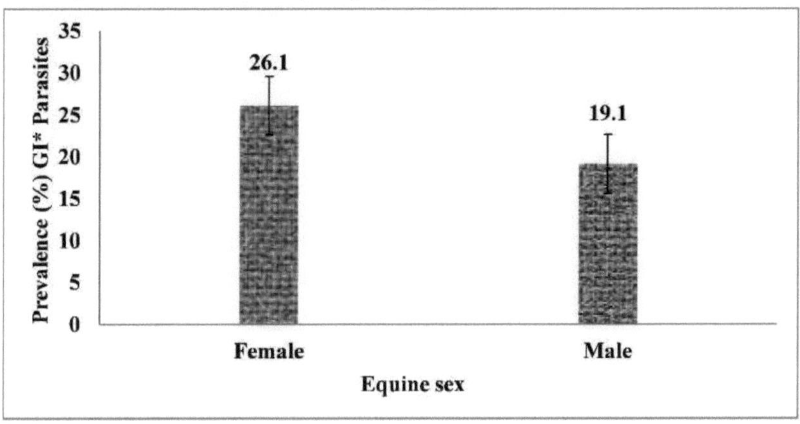

Em que; GI* = Gastrointestinal

Tabela 4.6. Distribuição por sexo da fauna parasitária gastrointestinal na população equina da área metropolitana de Faisalabad, Punjab, Paquistão.

Sr. No.	Equine Sex	Total Equine Screened (N)	Sex wise Positive (n)	Prevalence (%) (n/N×100)	95% CI*		Odd's ratio	P-value
					LL*	UL*		
1	Female	3456	905	26.1	24.6	27.6	1.51	0.000
2	Male	3456	657	19.1	17.8	20.4	-	-

Em que: LL*= Limite inferior, UL*= Limite superior, GI*= Gastrointestinal, CI*= Intervalo de confiança

Figura 4.3. Prevalência mensal de parasitas gastrointestinais na área metropolitana de Faisalabad, Punjab, Paquistão.

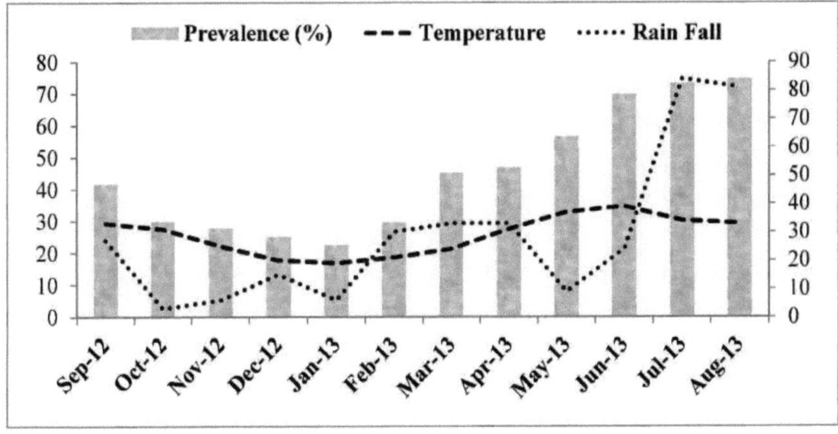

Tabela 4.7. Prevalência sazonal de parasitas gastrointestinais na área metropolitana de Faisalabad, Punjab, Paquistão.

Sr. No.	Seasons of Study Area	Total Screened Equines (N)	Positive Equines (n)	Prevalence (%) (n/N×100)	95% CI*		Chi-Square	P-value
					LL*	UL*		
1	Summer	3456	574	16.6	15.3	17.8	191.540	0.000
2	Autumn	3456	421	12.1	11.0	13.2		-
3	Spring	3456	350	10.1	9.1	11.1		-
4	Winter	3456	217	6.2	5.4	7.05		-

Em que: LL*= Limite inferior, UL*= Limite superior, GI*= Gastrointestinal, CI*= Intervalo de confiança

Figura 4.4. Prevalência de parasitas gastrointestinais em diferentes grupos de saúde física na área metropolitana de Faisalabad, Punjab, Paquistão

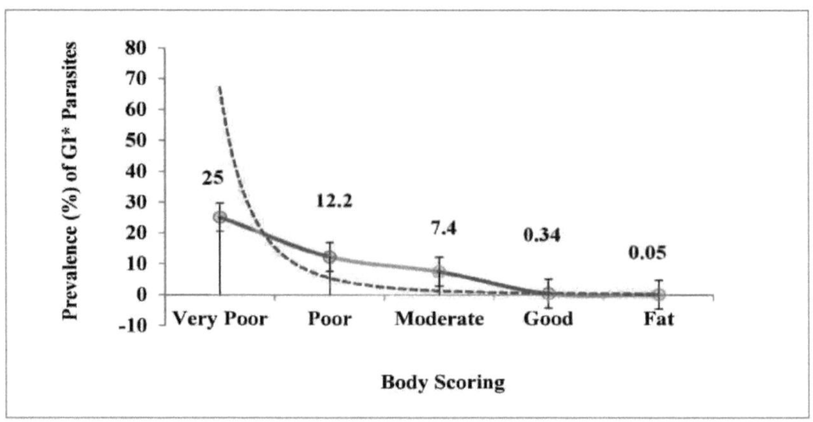

Em que; GI* = Gastrointestinal

Tabela 4.8. Distribuição do parasitismo gastrointestinal em diferentes grupos de saúde física dos equídeos da região metropolitana de Faisalabad, Punjab, Paquistão.

Sr. No.	Body scores	Equine screened (N)	Equine Positive Body score wise (n)	Prevalence (%) (n/N×100)	95% CI*		Chi-square	P-value
					LL*	UL*		
1	Very Poor	3456	867	25.0	23.5	26.4	1794.860	0.000
2	Poor	3456	425	12.2	11.1	13.3		-
3	Moderate	3456	256	7.40	6.56	8.33		-

4	Good	3456	12	0.34	0.18	0.61		-
5	Fat	3456	2	0.05	0.01	0.21		-

Em que: LL*= Limite inferior, UL*= Limite superior, GI*= Gastrointestinal, CI*= Intervalo de confiança

Tabela 4.9. Intervalos de ovos por grama de espécies de parasitas gastrointestinais prevalecentes na área metropolitana de Faisalabad, Punjab, Paquistão.

Sr. No.	Class	Parasitic species of equines	EPG Range (Min to Max)
1	Nematodes	*Parascaris equorum*	10 to 95
		Strongyles spp.	10 to 75
		Dictyocalus arnfieldi	10 to 30
		Strongyloidies westeri	10 to 20
		Oxyuris equi	10 to 23
		Draschia megastoma	10 to 17
		Habronema spp.	10 to 12
2	Cestode	*Anoplocephla* spp.	10 to 48
3	Trematode	*Gastrodiscus aegyptiacus*	1 to 3
4	Protozoa	*Giardia* spp.	1 to 2
		Eimeria spp.	1 to 6

Figura 4.5. Prevalência, por espécie, de parasitas gastrointestinais na população equina da área metropolitana de Faisalabad, Punjab, Paquistão.

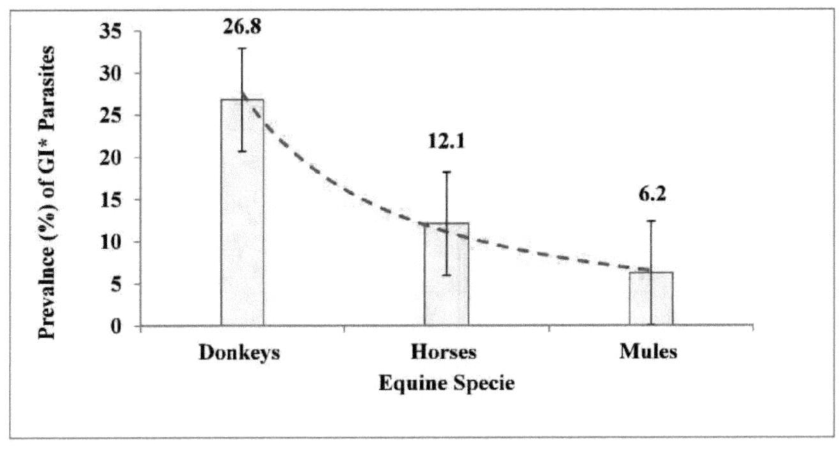

Em que; GI* = Gastrointestinal

Tabela 4.10. Distribuição por espécie dos parasitas gastrointestinais na população equina da área metropolitana de Faisalabad, Punjab, Paquistão.

Sr. No.	Equine	Equine screened (N)	Equines Positive for GI* Parasites (n)	Prevalence (%) (n/N×100)	95% CI*.		Chi-square	P-value
					LL*	UL*		
1	Donkeys	3456	928	26.8	25.3	28.3	609.845	0.000
2	Horses	3456	419	12.1	11.0	13.2		-
3	Mules	3456	215	6.2	5.4	7.0		-

Em que: LL*= Limite inferior, UL*= Limite superior, GI*= Gastrointestinal, CI*= Intervalo de confiança

Figura 4.6. Prevalência de parasitas gastrointestinais por espécie na população equina da área metropolitana de Faisalabad, Punjab, Paquistão.

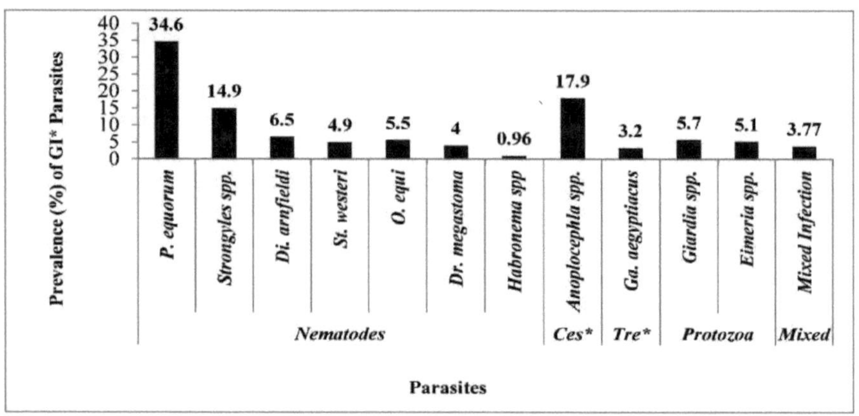

Em que: *Ces** = Cestodes, *Tre** = Trematódeos

Tabela 4.11. Histórico de desparasitação de equinos na região metropolitana de Faisalabad, Punjab, Paquistão.

Sr. No.	Deworming status	Equine Screened (N)	Equine Positive for GI* Parasites (n)	Prevalence (%)	95% CI*.		Odd's ratio	P-value
					LL*	UL*		
1	Dewormed	3456	580	16.7	15.47	17.98	0.51	0.000
2	Not dewormed	3456	982	28.41	26.92	29.95	-	-

Em que: LL*= Limite inferior, UL*= Limite superior, GI*= Gastrointestinal, CI*= Intervalo de confiança

DISCUSSÃO

Os equídeos são utilizados principalmente para trabalhos pesados na maioria das zonas urbanas e periurbanas de Faisalabad. O parasitismo no sistema gastrointestinal é um dos principais problemas de saúde dos equídeos em todo o mundo (Morris *et al.*, 2004; Burden *et al.*, 2010; Saeed *et al.*, 2010). Foi registada uma prevalência relativamente mais elevada (80%-90%) de parasitas GI na Etiópia e no México (Gebreab, 1998; Fikru *et al.*, 2005 e Valdez-Cruz *et al.*, 2006; du-Toit *et al.*, 2008; Burden *et al.*, 2010 e Getachew *et al.*, 2010) e 70,8% na Nigéria (Umar *et al.*, 2013). Embora uma prevalência relativamente mais baixa tenha sido registada como 11,7% na Turquia (Demir *et al.*, 1995) e 34,5% na Grécia (Papazahariadou *et al.*, 2009). De acordo com o inquérito socioeconómico de 2011, 1,5 milhões de paquistaneses dependem da população equina para a sua subsistência e para o sector agrícola (Anonymous, 2011). O parasitismo do trato gastrointestinal causa anorexia, insuficiência de desempenho, obstrução mecânica da passagem gastrointestinal ou compressão de órgãos, perda de peso, perda de sangue, debilidade, produção de toxinas com efeitos variáveis, facilitando a entrada de outros microrganismos (Love *et al.*, 1999; Stoltenow e Purdy, 2003).

Os nossos resultados descrevem uma prevalência cumulativa de 45,1% de parasitas GI na área metropolitana de Faisalabad, Punjab, Paquistão. No entanto, os nossos resultados não são semelhantes aos de estudos anteriores de Aftab *et al.* (2005), Mahfooz *et al.* (2008) e Saeed *et al.* (2010), que registaram 53,33%, 75% e 58,5%, respetivamente. As razões para os resultados variáveis dos relatórios anteriores podem incluir: (1) métodos de amostragem; a prevalência pode ser mais elevada na amostragem intencional/passiva do que na vigilância ativa, (2) dimensão da amostra; quanto maior for a dimensão da amostra, menor será a percentagem de infeção, (3) utilização de anti-helmínticos na população selecionada; ignorar os antecedentes de terapêutica anti-helmíntica durante a seleção das amostras pode dar origem a resultados falsos negativos, (4) estação de vigilância; Se a vigilância se limitar apenas à estação do inverno, não pode fornecer uma imagem fiel da distribuição dos parasitas na população, (4) espécies de parasitas visadas limitadas; se os cientistas centrarem a sua vigilância em apenas um ou dois tipos de nemátodos/tremátodos/cestádios parasitas, não é possível obter a verdadeira carga cumulativa de parasitas, e (5) pessoal especializado; por vezes, a vigilância no terreno depende dos assistentes de campo que não conseguem recolher amostras de forma adequada, o que pode fornecer resultados falsos negativos.

O parasitismo do sistema gastrointestinal dos equídeos inclui: helmintos (nemátodos, cestódeos e tremátodos) e protozoários (Soulsby, 1982). Entre os nemátodos, as espécies mais importantes em equídeos incluem: os grandes e pequenos estrôngilos, *P. equorum* (Ascarídeos), *D. arnfieldi* (verme do pulmão), *St. westeri* (verme do fio), *Habronema* spp. *A. magna, Paranoplocephala mamillana* e *A. perfoliata* são espécies de cestodes (ténias) registadas em equídeos. Entre os tremátodes (vermes chatos), *Di. dendriticum, Ga. aegyptiacus* e *Fasciola* spp. são principalmente responsáveis por um tipo ligeiro de perturbação gastrointestinal; no entanto, podem causar efeitos graves no fígado dos hospedeiros infectados. Entre os protozoários, *Giardia* spp., *Cryptosporidium* spp. e *Eimeria* spp. são os principais responsáveis pela diarreia (Zajac e Conboy, 2011).

No nosso estudo, *P. equorum* (34,60%) foi o nemátodo mais frequentemente encontrado na área de estudo. Esses resultados são semelhantes aos relatórios disponíveis (Roneus, 1971; Ayele, 2006; Getachew *et al.*, 2008; Getachew *et al.*, 2010; AL Anazi e Alyousif, 2011). No entanto, existem também relatórios disponíveis que não estão de acordo com os nossos resultados (Gawor, 1995; Reinemeyer *et al.*, 1984; Fikru *et al.*, 2005), que referiram *o P. equorum* como o parasita menos prevalente na população equina. As razões prováveis da maior prevalência entre os parasitas GI podem incluir: (1) resiliência, (2) pastoreio conjunto de adultos com potros, e (3) estação do ano e criação proporcionando ambiente favorável para o crescimento de ascarídeos (Watson e Friedman, 2007). Foi encontrada uma prevalência de 14,90% de *Strongyles* spp. e resultados semelhantes foram registados por diferentes cientistas em todo o mundo (Vaz, 1930; Gill Bailee e Cantoray, 1995; Arslan e Umur, 1998; Gill e Ayaz, 2003). Estão disponíveis relatórios que descrevem uma distribuição semelhante de *Strongyles* noutras regiões do mundo (Arslan e Umur, 1998; Wells *et al.*, 1998; Aftab *et al.*, 2005; Umur e Acicit, 2009; Worku e Afera, 2012). A prevalência de *Di. arnifieldi, O. equi, St. westeri* e *Dr. megastoma* foi encontrada em ordem decrescente. Há vários relatórios disponíveis que apoiam os resultados deste estudo; (Pecheur *et al.*, 1979; Gawor, 1995; Bucknell *et al.*, 1995; Arslan e Umur, 1998; Boxell *et al.*, 2004; Saeed *et al.*, 2010; AL Anazi e Alyousif, 2011) que mostram os dados de baixa prevalência. As razões prováveis da baixa prevalência destes parasitas podem dever-se à ausência de condições favoráveis, que são necessárias para a conclusão do ciclo de vida. *Anoplocephala* spp. é a única espécie de cestode que prevalece na área de estudo, com uma prevalência de 17,90%, o que é semelhante aos relatórios disponíveis sobre a infeção por cestodes (Oge, 1991; Burgu *et al.*, 1995; Gdnenc, 1997). Foi encontrada uma infeção rara de trematódes neste estudo, o que é semelhante aos relatórios disponíveis na Turquia (Umur e Acici, 2009). Os argumentos prováveis para a menor abundância de trematódes podem incluir a indisponibilidade de um hospedeiro intermediário para completar o ciclo de vida (Soulsby, 1982; Urquhart *et al.*, 1996).

A epidemiologia das doenças parasitárias em geral tem sido associada a vários factores intrínsecos e extrínsecos que foram bem estabelecidos anteriormente (Demir *et al.*, 1995; Valdez-Cruz *et al.*, 2006; Getachew *et al.*, 2010; Khan *et al.*, 2010a; Khan *et al.*, 2010b; Khan *et al.*, 2011c; Umar *et al.*, 2013; Burn *et al.*, 2013). Nos equídeos, o presente estudo constitui provavelmente a primeira tentativa de correlacionar estes factores com a distribuição das infecções. Os burros estão ao alcance de muitos agricultores de baixos rendimentos que vivem em Faisalabad, Punjab, Paquistão. Entre as diferentes espécies de equídeos, observa-se uma elevada prevalência de parasitas gastrointestinais nos burros, seguidos pelos cavalos e mulas. A razão provável para a alta infeção nos burros pode incluir: stress alimentar, cuidados de saúde ignorados e foram considerados animais de carga (Wells *et al.*, 1998; Singh *et al.*, 2002). Entre outros possíveis factores determinantes, a idade foi encontrada associada com a abundância de parasitismo gastrointestinal, sendo mais alta nos potros, seguida por animais mais velhos e adultos. Existem vários relatórios disponíveis sobre a associação da carga parasitária com o grupo etário. O argumento provável da maior abundância em animais jovens e mais velhos pode incluir: (1) baixo estado imunitário dos animais, (2) pastoreio misto, (3) utilização de fármacos ineficazes e (4) dose insuficiente de anti-helmíntico. No entanto, existem relatórios que apoiam a presença de parasitas GI em diferentes categorias etárias (jovens, adultos e idosos) (Dunsmore e Jue Sue, 1985; Mfitilodze e Hutchinson, 1989; Bucknell *et al.*, 1995; Urquhart *et al.*, 1996; Mehfooz *et al.*, 2008). O sexo do equídeo também está associado à prevalência do parasitismo gastrointestinal na população estudada de equídeos, sendo mais elevado nas fêmeas do que nos machos. Existem relatórios variáveis sobre a suscetibilidade de machos e fêmeas ao parasitismo GI. Por exemplo, Saeed *et al.* (2010) não encontraram qualquer associação estatística entre o sexo e o parasitismo GI, o que pode dever-se ao facto de terem como alvo espécies limitadas de parasitas GI com um tamanho de amostra reduzido em ambiente controlado. Os argumentos para uma maior ocorrência nas fêmeas (Soulsby, 1982; Urquhart *et al.*, 1996) incluem o stress durante o ciclo do cio e o stress da lactação. No entanto, existem relatórios que apoiam as conclusões da associação do parasitismo GI com o sexo (Sotiraki *et al.*, 2010). Por conseguinte, é necessário testar a associação deste parâmetro em ensaios experimentais. Entre as quatro estações da área de estudo (Faisalabad), a prevalência do parasitismo GI é muito elevada durante o verão (Herd, 1990) e no início do outono e mínima durante o inverno. Os argumentos prováveis para a prevalência variável do parasitismo GI durante estes períodos de alta e baixa infeção podem incluir (1) humidade, (2) temperatura óptima e (3) pluviosidade; que afectam a eclosão dos ovos do parasita e o crescimento do hospedeiro intermediário. No entanto, existem relatórios que apoiam a distribuição do parasitismo GI entre as diferentes estações do ano (Mfitilodze e Hutchinson 1989; Mushi *et al.*, 2003; Fikru *et al.*, 2005; Yoseph *et al.*, 2005; Ayele, 2006), que são efectuados em diferentes condições geoclimáticas. Por conseguinte, este parâmetro tem de ser confirmado em ensaios críticos.

Os animais mantidos para fins de tração e com um fraco escore corporal são mais propensos à infeção, seguidos pelos animais mantidos para fins cerimoniais, recreativos e éticos. As razões prováveis da infeção incluem um estado imunitário baixo, o stress de trabalhar num ambiente hostil e um estado alimentar ignorado (Wells *et al.*, 1998; Koma's *et al.*, 2010).

Durante este estudo, estimou-se que, entre toda a população, mais de 50% da população já estava desparasitada. Entre estes, 25% dos animais apresentaram surpreendentemente resultados positivos para o parasitismo GI. As razões prováveis incluem (a) resistência aos medicamentos desenvolvida pelo parasita contra o composto medicamentoso (Slocombe *et al.*, 2007), (b) utilização de medicamentos menos eficazes (Watson e friedman, 2007), (c) subdosagem de desparasitante que leva a resultados inferiores aos do medicamento e, consequentemente, pode levar à resistência aos medicamentos (Soulsby, 1982; Watson e friedman, 2007). Existem relatórios sobre o estabelecimento de infecções por vermes nos equídeos tratados em condições controladas que confirmam o desenvolvimento de resistência (Bauer *et al.*, 1986; Craven *et al.*, 1998; Boersema *et al.*, 1991; Kaplan *et al.*, 2004; Slocombe *et al.*, 2007; Lyons *et al.*, 2011). Esta questão justifica a realização de mais investigação na comunidade para identificar os potenciais factores determinantes que facilitam o desenvolvimento da resistência. Esta abordagem científica pode incluir: deteção de ovos e vermes adultos com base em antigénios, identificação com base em PCR para rastrear subespécies para posterior análise mutacional, a fim de determinar as estirpes resistentes de vermes e padronização de copro-ELISA para deteção de antigénios excretores e secretores em amostras fecais.

CONCLUSÕES

O parasitismo gastrointestinal é predominante na população equina da área metropolitana de Faisalabad, Punjab, Paquistão.

- Os equídeos do grupo etário (0-5 anos) são mais propensos a infecções parasitárias gastrointestinais na área de estudo (Faisalabad, Punjab, Paquistão).

- Observa-se uma maior incidência de parasitismo GI durante o verão, com um pico de valor em agosto.
- Os nemátodos são mais prevalentes na área de estudo do que os cestóides e os tremátodos.
- Os equídeos criados para fins de tração são mais propensos à infeção.
- As mulheres são mais infectadas do que os homens.
- Os equídeos com um escore corporal baixo são mais propensos a infecções.

RECOMENDAÇÕES

1. Recomendações a curto prazo

- Com base neste estudo, tratar os equídeos antes do verão para minimizar a infeção.
- Remover semanalmente o estrume dos estábulos, dos pátios e das zonas de pastagem, o que pode reduzir o número de equídeos infectados.
- Recomenda-se que os diferentes grupos etários (jovens, adultos e idosos) sejam mantidos separadamente e que os animais jovens e idosos sejam tratados periodicamente contra estes parasitas gastrointestinais.
- As fêmeas são mais propensas a infecções parasitárias do que os machos, pelo que se recomenda um cuidado especial para as fêmeas.
- A desparasitação deve ser efectuada com medicamentos mais eficazes, de acordo com o calendário prescrito. O medicamento deve ser administrado de acordo com a medida exacta do peso corporal do equídeo, porque a administração de uma dose inferior à recomendada pode levar ao desenvolvimento de resistência dos parasitas aos compostos do medicamento.

2. Recomendações a longo prazo

- Campanha de sensibilização em grande escala para uma gestão sustentável dos parasitas.
- Os cientistas devem prestar atenção ao desenvolvimento de vacinas contra parasitas gastrointestinais.

CAPÍTULO 5

RESUMO

Os equídeos têm merecido muita atenção e cuidados a nível mundial como animais de tração, fonte de carne (em algumas partes do mundo), couro e outros produtos relacionados. A utilização de equídeos nas zonas rurais e urbanas do Paquistão está a aumentar rapidamente devido à elevada crise energética e aos preços dos combustíveis. De acordo com o inquérito socioeconómico de 2011 (Universidade de Punjab Lahore), 1,5 milhões de paquistaneses dependem da população de equídeos de trabalho para a sua subsistência e agricultura. Além disso, a utilização de equídeos varia entre corridas, resistência, equitação de lazer e como símbolo ético. Os parasitas gastrointestinais são o perigo mais comum para a saúde gastrointestinal da população equina, afectando o seu desempenho. Estes parasitas afectam principalmente os equídeos através de anorexia, insuficiência de desempenho, obstrução mecânica da passagem gastrointestinal ou compressão de órgãos, perda de peso, perda de sangue, debilidade, produção de toxinas com efeitos variáveis, transmissão de doenças que não as parasitárias, facilitando a entrada de bactérias, vírus e outros agentes patogénicos microbianos. Evidentemente, o impacto económico dos parasitas gastrointestinais é observado em muitas frentes, incluindo o fraco desempenho e o custo do tratamento. A contaminação de pastagens, manjedouras, pátios, estábulos e tanques de água com material fecal infetado é a principal fonte de infeção. Os parasitas GI que se encontram predominantemente na área de estudo incluem: *P. equorum,* Grandes Estrôngilos, Pequenos Estrôngilos, *O. equi, St. westeri, Di. arnfieldi, Anoplocephala* spp., *Habronema* spp., *Dr. megastoma, Ga. aegyptiacus;* enquanto que, entre os cistos de protozoários, incluem-se os de *Giardia* spp. e *Eimeria leuckarti.*

No presente estudo, foi realizado um inquérito transversal na população equina da área metropolitana de Faisalabad, Punjab, Paquistão, de setembro de 2012 a agosto de 2013, a fim de determinar os seguintes objectivos

a) Determinação da prevalência de parasitas gastrointestinais comuns na população equina selecionada da área metropolitana de Faisalabad.

b) Determinação dos factores de risco associados e correlação entre eles, incluindo idade, sexo, raça, pontuação corporal, parâmetros físicos e condições de saúde.

Os equídeos (n=3456) trazidos para a clínica móvel do Brooke Hospital for Animals Faisalabad, Punjab, Paquistão, foram submetidos a um rastreio do parasitismo gastrointestinal através de protocolos normalizados. Foram registadas num questionário previamente elaborado informações adequadas sobre os factores de risco associados, os parâmetros clínicos e físicos, incluindo a temperatura, a frequência respiratória, a frequência de pulso, a anorexia, a anemia e a debilidade dos animais infectados e saudáveis. A prevalência global de parasitas GI em equídeos da área de estudo foi de 45,1% (1556/3456). Entre os vários parasitas gastrointestinais, os nemátodos foram os mais prevalentes na área de estudo (71,7%; 1121/1562), em comparação com os trematodos (3,20%; 50/1562), os cestóides (17,9%; 280/1562), os protozoários (10,8%; 170/1562) e a infeção mista (3,7%; 59/1562).

A prevalência de diferentes nemátodos registada foi de *P. equorum* (34,6%), *Strongylus* spp. (14,9%), *D. arnfielidi* (6,5%), *St. westeri* (4,9%), *O. equi* (5,5%), *Dr. megastoma* (4%) e *Habronema* spp. (0,96%). A única espécie de cestode registada durante o estudo é *Anoplocephla* spp. com prevalência (17,9%), enquanto *Ga.*

aegyptiacus (trematódeo) foi menos abundante (3,2%). Entre as várias espécies menos patogénicas de protozoários, *Giardia* spp. e *Eimeria* spp. foram registadas como 5,7% e 5,1%, respetivamente. Os animais mais jovens (21%; P=0,000) são mais susceptíveis de serem infectados, seguidos dos animais mais velhos (14,4%) e dos animais adultos (9,6%). As fêmeas estão significativamente associadas estatisticamente ao parasitismo gastrointestinal (26%; OR=1,51; P=0,000) do que os machos. O verão foi a estação de maior infeção (16,6%), seguida pelo outono (12,1%), primavera (10,1%) e inverno (6,2%). Entre as diferentes espécies de equídeos, os burros têm mais infecções por parasitas GI (26,8%), seguidos dos cavalos (12,1%) e das mulas (6,2%). Os animais mais velhos e mais magros, com diferenças de suscetibilidade entre as espécies, foram considerados mais susceptíveis à infeção por parasitas gastrointestinais. Os equídeos utilizados para fins de tração apresentavam mais infecções, seguidos, por ordem, pelos que eram mantidos para fins recreativos e cerimoniais. Os equídeos fêmeas tinham mais problemas parasitários do que os machos. O mesmo padrão foi observado no verão, onde a infeção elevada se deveu ao stress ambiental, seguido, por ordem, do outono, da primavera e do inverno. Os resultados deste estudo fornecerão uma perspetiva da diversidade de parasitas gastrointestinais na população equina da área metropolitana de Faisalabad. Além disso, o conhecimento dos factores de risco associados pode ser útil para assegurar uma prevenção e um controlo sustentáveis dos parasitas gastrointestinais em função das condições microclimáticas.

CAPÍTULO 6

REFERÊNCIAS

Abdullah DAALA, S Mohamed Alyousif, 2011. Prevalência de parasitas gastrointestinais não estrôngilos de cavalos na região de Riade, na Arábia Saudita. Jornal Saudita de Ciências Biológicas, 18: 299-303.

Aftab J, MS Khan, K Pervez, M Avais e JA Khan, 2005. Prevalência e quimioterapia de ecto e endoparasitas em cavalos de Rangers em Lahore, Paquistão. Int J Agri Biol, 7: 5.

Aluja AS, CA Lopez, SH Chavira e MD Oseguera, 2000. Condiciones patologicas mas frecuentes en los equidos de trabajo en el campo mexicano, Veterinaria Mexico, 32: 165-168.

Arslan MO, S Umur 1998. As espécies de helmintos e *Eimeria* (Protozoa) em cavalos e burros na província de Kars, Turquia. T Parazitol Derg, 22: 180-184.

Arundel JH, 1978. Parasitic disease of the horse. Veterinary Review No. 18, University of Sydney Post Graduate Foundation in Veterinary Science, Sydney, New South Wales, pp: 83.

Arundel JH, 1985. Parasitic diseases of the horse: Veterinary Review University of Sydney Postgraduate Foundation in Veterinary Science, 28: 150.

Ayele CF, 2006. Principais problemas de saúde dos burros no distrito de Dugda Bora da Etiópia. In: Actas do 5º Colóquio Internacional sobre Equinos de Trabalho. O futuro dos equídeos de trabalho. Eds: A Pearson, C Muir e M Farrow, The Donkey Sanctuary. Sidmouth, 162-168.

Aypak S, 2005. A prevalência de helmintas gástricos em equídeos. Dissertação de doutoramento da Universidade de Ancara, Ancara, Turquia.

Bain AM, JC Rofe, IK Elotson e S Murphy, 1969. Larvas *de Habronema megastoma* associadas a abcessos pulmonares num potro. Aust Vet J, 45: 101-102.

Bain SA e JD Kelly, 1977. Prevalência e patogenicidade *de Anoplocephala perfoliata* numa população de cavalos em South Auckland. NZ Vet J, 25: 27-28.

Barbosa OF, 1995. Estudo dos Ciatostomi'neos (Strongylidae, Cyathostominae) Parasitos de Equinos *(Equus caballus)* da Regiao de Jaboticabal, Sao Paulo, Brasil. Dissertacaode Mestrado, Universidade Estadual Paulista, pp: 57

Barker IK e AA Van Dreumel, 1985. O Sistema Alimentar. In: KVF Jubb, PC Kennedy e N Palmer (Editores), Pathology of Domestic Animals. Vol 2 Academic Press, Orlando, pp: 1-239.

Barker IK, O Remmler, 1972. O desenvolvimento endógeno de *Eimeria leuckarti* em póneis. J Parasitol, 86: 448-449.

Barus V, 1962.Helmintofauna koni v Ceskoslovensku.Cesk Parazitol, 9: 15-94

Battelli G, R Galuppi, M Pietrobelli, MP Tampieri, 1995. *Eimeria leuckarti* (Flesh, 1883) Reichenow 1940 de *Equus caballus* em Itália. Parassitologia, 37: 215-217.

Bauer C, 1990. Prevalência de *Eimeria leuckarti* e intensidade da produção de oocistos fecais numa manada de cavalos durante uma época de pastagem de verão. Vet Parasitol, 30 (1): 11-15.

Bauer C, HJ Burguer, 1984. Zur biologic von *Eimeria leuckarti* (FLESCH, 1883) der Equiden. Berl Muench Tieraerztl Wochenschr, 97: 367- 372.

Bauer C, JC Merkt, G Janke-Grimm e HJ Burger, 1986. Prevalência e controlo de pequenos estrôngilos resistentes ao benzimidazol em coudelarias de puro-sangue alemãs. Vet Parasitol, 21: 189-203.

Beelitz P, E Gobel, R Gothe, 1996. Spectrum of species and incidence of endoparasites of foals and their mother mares from breeding farms with and without antihelminthic prophylaxis in upper Bavaria. Tierarztliche Praxis, 24: 48-54.

Beelitz P, N Rieder, R GOTHE, 1994. *Eimeria leuckarti* em potros e suas mães na Alta Baviera. Tierarztliche Praxis, 22(4): 377-381.

Bello TR e JET Laningham, 1994. Um ensaio controlado de avaliação de três dosagens orais de moxidectina contra parasitas de equídeos. J Eq Vet Sci, 14: 483-488.

Bello TR, GF Ambroskl, BJ Torbert e GJ Greer, 1973. Eficácia anti-helmíntica do cambendazol contra parasitas gastronintestinais do cavalo. Am J Vet Res, 34: 771-777.

Bemrick WJ, TP O-Leary, DM Barnes, 1979. *Eimeria leuckarti* em cinco cavalos de Minnesota. Vet Med Small Anim Clin, 74(1): 77-80.

Blackwell NJ, 1973. Colitis in equines associated with strongyle larvae. Vet Rec, 93: 401402.

Blood DC, OM Radostits e JA Henderson, 1983. Veterinary Medicine. A textbook of the diseases of cattle, sheep, pigs, goats and horses (6ª edição). Bailllere Tindall, Londres.

Boersema JH, FH Borgsteede, M Eysker, TE Elema, CP Gaasenbeek e WP van der Burg, 1991. The prevalence of anthelmintic resistance of horse strongyles in the Netherlands (A prevalência da resistência anti-helmíntica dos estrôngilos dos cavalos nos Países Baixos). Vet Q, 13: 209-217.

Boxell AC, KT Gibson, RP Hobbs e RAC Thompson, 2004. Ocorrência de parasitas gastrointestinais em cavalos na região metropolitana de Perth, Austrália Ocidental. Aust Vet J, 82: 91-95.

Brockwell YM, P Ecke e P Rolfe, 1998. A survey of equine gastrointetinal parasites in the Wagga Wagga district of NSW. Ani Prod Aust, 22: 334.

Bucknell DG, RB Gasser e I Beveridge, 1995. The prevalence and epidemiology of gastrointestinal parasites of horses in Victoria, Australia (Prevalência e epidemiologia de parasitas gastrointestinais de cavalos em Victoria, Austrália). Int J Parasitol, 25: 711-724.

Bueno L, Y Ruckeluesch e P Dorchies, 1979. Distúrbios da motilidade digestiva em cavalos associados à infeção por Strongyle. Vet Parasitol, 5: 253-260.

Burden FA, N Du Toit, N Hernandez Gil, O Prado-Ortiz e AF Trawford, 2010. Questões selecionadas de saúde e gestão para burros de trabalho no México rural. Tropical Animal Health and Production, 42: 597-605.

Burgu A, A Doganay, H Oge, O Sarimehmetoglu e E Ayaz: Helminth, 1995a. Species found in donkeys. Ankara Univ. Vet Fak Derg, 42: 207-215.

Burgu A, S Oge, A Doganay, C Pi§kin e H Oge, 1995b: Helminth species found in horses. Ankara Univ. Vet Fak Derg, 42: 193-205.

Canestri-Trotti, GS Visconti, 1985. Indagine parassitologica su protozoa intestinal! in equini dePescerito italiano. Atti Soc Itai Sci Vet, 39: 750-758.

Carvalho RO, AVM Silva, HA Santos e MMA Costa, 1998. Nematódeos Cyathostominae parasitas de Equus caballus no estado de Minas Gerais, Brasil. Brasil J Vet Parasitol, 7: 165-168.

Chaudhry AH, E Sohail e Z Iqbal, 1991. Estudos sobre a prevalência e a taxonomia dos membros do género

Strongylus e o seu efeito no quadro sanguíneo dos equídeos em Faisalabad (Paquistão). Pak Vet J, 11: 179-181.

Chiejina SN e JA Mason 1977. Estágios imaturos de *Trichonema* spp. como causa de diarréia em cavalos adultos na primavera. Vet Rec, 100: 360-361.

Cirak VY, E Gtilegen, O Girisgin. S Bakirci e F Kutukoglu, 2004. Ocorrência de *Anoplocephala magna* (Abildgaard, 1789) em dois cavalos. T Parazitol Derg, 28: 9495.

CL e CH Purdy, 2003. Internal Parasites of Horses NDSU Extension Service, North Dokata State University of Agriculture and Applied Sciences. V-543 (Revisado). Disponível em: www.ag.ndsu.nodak.edu.

Clayton HM e JL Duncan, 1977. Infeção experimental *por Parascaris equorum* em potros. Res Vet Sci, 23: 109-114.

Clayton HM e JL Duncan, 1981. Infeção natural por *Dictyocaulus arnfieldi* em potros de pónei e burro. Res Vet Sci, 31: 278-280.

Clayton HM, 1981. Clinical aspects of ascarid and lungworm infections in horses (Aspectos clínicos das infecções por ascarídeos e vermes pulmonares em cavalos). Proc 25th Annu Meet Am Assoc Equine Practice, pp: 29-32.

Coleman SU, TR Klei, DD French, MR Chapman, RE Cristvety, 1989. Prevalência de *Cryptosporidium* spp. em equídeos na Lousiana. Am J Vet, 50: 575-577.

Corba J, J Praslicka, M Varady, O Tomasovicova, H Andrasko, P Holakovsky e G Gasparisk, 1995. Efficacy of moxidectin (Cydectin, Cyanamid) against some endoparasites ectoparasites of sheep and horses. Slovensky Veterinarsky Casopis, 20: 143-147.

Costa AJ, OF Barbosa, FR Moraes, AH Acun Aa, UF Rocha, VE Soares, AC Paullilo e A Sanches, 1998. Avaliação comparativa da eficácia do gel de moxidectina e da pasta de ivermectina contra parasitas internos de equinos no Brasil. Veterinary Parasitology, 80: 2936.

Covault CH, 1921. Strongylidosis in the horse. J Am Vet Med Assoc, 13: 67-75.

Craven J, H Bjorn, SA Henriksen, P Nansen, M Larsen e S Lendal, 1998. Survey of anthelmintic resistance on Danish horse farms, using 5 different methods of calculating faecal egg count reduction. Equine Vet J, 30: 289-293.

Demir S, R Tinar, L Aydin, VY Qirak e R Ergiil, 1995. Prevalência de espécies de helmintos de acordo com o exame fecal em equídeos em Bursa. T Parazitol Derg, 19: 124-131.

Di-Pietro JA, AJ Paul, KM Ewert, KS Todd Jr, TF Lock e R Aguillar, 1992. Moxidectin gel: Um novo endectocida equino. Proc Am Assoc Eq Pract, 38: 311-316.

Di-Pietro JA, CE Kirkpatrick, KS Todd, SM Austin, 1988. Infeção *por Cryptosporidium* spp. em potros de pónei. Conf Res Workers Animal Dis, 212: 14-15.

Drudge JH e ET Lyons, 1966. Control of internal parasites of the horse (Controlo dos parasitas internos do cavalo). J Am Vet Med Assoc, 148: 378-383.

Drudge JH e ET Lyons, 1966. Internal Parasites of Equids with Emphasis on Treatment and Control (Parasitas Internos dos Equídeos com Ênfase no Tratamento e Controlo). Hoechst-Roussel Agri-Vet Co., Sommerville, NJ, pp: 26.

Drudge JH, 1979. Aspectos clínicos da infeção por *Strongylus vulgaris* no cavalo. Ênfase no diagnóstico, quimioterapia e profilaxia. Vet Clinics N Am Large Animal Pract, pp: 251-265.

Du Toit N, FA Burden e PM Dixon, 2008. Achados clínicos dentários em 203 burros no México. Vet J, 178: 380-386.

Duncan JL e HM Pirie, 1975. The pathogenesis of single experimental infections with *Strongylus vulgaris* in foals. Res Vet Sci, 18: 82-93.

Dunsmore JD, SLP Jue, 1985. Prevalência e epidemiologia dos principais parasitas gastrointestinais de cavalos em Perth. Austrália Ocidental. Equine Vet J, 17: 208-213.

Egan CE, TJ Snelling e NR Me Ewan, 2010. O início das populações ciliadas em potros recém-nascidos. Ata Protozool, 49: 145-147.

Enigk K, 1950. Zur Entwicklung yon *Strongylus vulsaris* (Nematodes) im Wirtstier Zeitschrift fur Tropenmedizin und Parasitologic, 2: 287-306.

Epe C, S Ising-Volmer, M Stoye, 1993. Estudos parasitológicos fecais de equídeos, cães, gatos e ouriços-cacheiros ao longo dos anos. Tieraertzliche Wochenschrift, 100(11): 426428.

Fanthan HB, 1921. Alguns protozoários parasitas encontrados na África do Sul: IV. S Afr J Sci, 18: 164170.

Faostat, 2008. Faostat statistical year book (A divisão de estatísticas da Organização das Nações Unidas para a Alimentação e a Agricultura.

Figueiredo LM, J Sequeira, EP Bandarra, W Gandolfi, 1993. Intussuscep caoceco-colica em equino associada a infecca'o por *Eimeria Leuckarti.* Revista Brasileira de Parasitologia Veterinaria, 2(1): 71-72.

Fikru R e B Teshale, 2005. Prevalência de parasitas gastrointestinais de equídeos nas terras altas ocidentais de Oromia, Etiópia. Boletim de Saúde e Produção Animal em África, 53: 161-166.

Fisher MA, DE Jacobs, WRT Grimshaw, LM Gibbons, 1992. Prevalência de benzimedazol em citóstomos no sudeste de Inglaterra. Registo Veterinário, 130: 315-318.

Forde KN, AM Swinker, JL Traub-dargatz, JM Cheney, 1998. Prevalência de Cryptosporidium/Giardia na população de cavalos de trilha que utiliza terras públicas no Colorado. J Equine Vet Sci, 18 (1): 38-40.

Foster AO e O Ortiz, 1937. Um novo relatório sobre os parasitas de um grupo selecionado de equídeos no Panamá. J Parasitol, 23: 360-364.

Foster AO, 1936. A quantitative study of nematodes from a selected group of equines in Panama J Parasitol, 22: 479-510.

Franscico I, M Arias, FJ Cortinas, R Francisco, E Mochales, V Dacal, JL Suarez, J Uriarte, P Morrondo, R Saanchez-Andrade, P Diez-Ba nos e A Paz-Silva, 2009. Factores intrínsecos que influenciam a infeção por helmintas parasitas em cavalos numa zona de clima oceânico (Noroeste de Espanha). J Parasitol, Res 5, doi:10.115 5/2009/616173.

French DD, TR Klei, HW Taylor, MR Chapman, C Monahan e R Aguilar, 1992. Eficácia do gel de moxidectina contra os parasitas internos dos póneis. Proc 37th Ann Meeting Am Assoc Vet Parasitol 2-4 de agosto de 1992 Boston MA, pp: 51.

Fritzen B, K Rohn, T Schnieder e G Samson-Himmelstjerna, 2010. Gestão do controlo de endoparasitas em explorações equinas: lições a partir da prevalência de vermes e de dados de questionários. Equine Vet J, 42:

79-83.

Gajadhar AA, JP Caron, JR Allen, 1985. Cryptosporidiosis in two foals. Can Vet J, 26(4): 132-134

Gaughan EM, R Hackett, 1990. Intussusceção cecocólica em cavalos: 11 casos (1979-1989). J Am Vet Assoc, 179: 1373-1375.

Gawor JJ, 1995. A prevalência e abundância de parasitas internos em cavalos de trabalho autopsiados na Polónia. Vet Parasitol, 58: 99-108.

Gay CC e VC Speirs, 1978. Arterite parasitária e suas consequências em cavalos. Aust Vet J, 54: 600-601.

Gebreab F, 1998. Helmintas parasitas de equídeos de trabalho: a perspetiva africana. In Proceedings of 8th International Conference on Equine Infectious Diseases, Dubai, pp. 318-324: 318-324.

Georgi JR e ME Georgi, 1990. Parasitology for Veterinarians. 5thed, WB Saunders Company, Londres, 1990: 140-381.

Gerber H, P Chuit e B Pauli, 1971. L'infarctus de 1'intestine grele chez le cheval. I Clinque Sehwelzer Archly fur Tierheilkunde, 113: 678-684.

Getachew AM, AF Trawford, G Feseha e SWJ Reid, 2010. Parasitas gastrointestinais de burros de trabalho na Etiópia. Tropical Animal Health and Production, 42: 27-33.

Getachew M, G Feseha, A Trawford e SW Reid, 2008. A survey of seasonal patterns in strongyle faecal worm egg counts of working equids of the central mid-lands and low-lands, Ethiopia. Tropical Animal Health and Production, 40: 63 7-642.

Gonen? B, 1997. Helmintos do trato digestivo de burros *(Equus asinus,L).* Ankara Univ Vet FakDerg, 44: 325-335.

Goraya K, Z Iqbal, MS Sajid, G Muhammad, QU Ain, M Saleem, 2013. Diversidade da flora utilizada para a cura de doenças equinas em áreas periurbanas selecionadas de Punjab, Paquistão. Jornal de etno biologia e medicina etno, 9: 70.

Greatorex JC, 1975. Diarreia em cavalos associada a ulceração do cólon e do ceco resultante da migração de larvas de *S. vulgaris*. Vet Rec, 97: 221-225.

Greer GJ, TR Bello e GF Ambroski, 1974. Infeção experimental de *Strongloides westeri* em póneis sem parasitas. J Parasitol, 60: 466-472.

Gill A, S Deger e E Ayaz, 2003. Prevalência de espécies de helmintos segundo o exame fecal em equídeos de diferentes cidades da Turquia. Turk J Vet Anim Sci, 27: 195-199.

Giilbahfe S e R Canto ray, 1995. Epidemiology of equine parasites in Konya.9th National Parasitology Congress Antalya, 177.

Hass DK, 1979. Equine parasitism. Vet Med Sm Anim Clin, 74: 980-988.

Herd RP e JC Donham, 1983. Efficacy of ivermectin against *Onchocera cervlealis* microfilarial dermatitis in horses. Am J Vet Res, 44: 1102-1105.

Hodgkinson JE, S Love, JR Lichtenfels, S Palfreman. YH Ramsey e JB Matthews, 2001. Avaliação da especificidade de cinco oligossondas para a identificação de espécies de ciatostomíneos em cavalos. Int J Parasitol, 31: 197-204. http://www.faostat.fao.org/site/409/default.aspxcgi-binaccessed 4 de maio de 2010.

Hung GC, NB Chilton, I Beveridge e RB Gasser, 2000. A molecular systematic framework for equine strongyles based on ribosomal DNA sequence data. Int J Parasitol, 30: 95-103.

Huskamp B, 1982. The diagnosis and treatment of acute abdominal conditions in the horse: The various types and frequency as seen at the Animal Hospital in Hochmoor. Proc Equine Colic Res Symp, Universidade da Geórgia, pp. 261-272: 261-272.

Ibraiev BK, 1991. K epizootiologii paraskaridoza i gastrofiloza lo~adei v severnom Kazachstanie. Tezisy dokladov nau~noi konferenci: Ekologobiologi & skoie i faunisti & skoie aspekty gelminto zov. Akad N Armenii Inst Zool Moscovo, pp: 2432.

Jacobs DE, MJ Hutchinson, L Parker, LM Gibbons, 1995. Supressão da produção fecal de ovos com moxidectina na infeção por ciatostoma equino. Vet Rec, 137: 545.

John C e JC Greaterex, 1975. Diarreia em cavalos associada a ulceração do ceco resultante da migração de *Strongylus vulgaris*. Vet Rec, 97: 221-5.

Johnson E, ER Atwill, ME Filkins, J Kalush, 1997. The prevalence of shedding of Cryptosporidium and Giardia spp. Based on a single fecal sample collection from each of 91 horses used for back country recreation. J Vet Diagn Invest, 9 (1): 56-60.

Kaplan RM, TR Klei, ET Lyons, G Lester, CH Courtney, DD French, SC Tolliver, AN Vidyashankar e Y Zhao, 2004. Prevalência de ciatostomas resistentes a anti-helmínticos em explorações equinas. J Am Vet Med Assoc, 225: 903-910.

Karanja DNR, TA Ngatia, JG Wandera, 1994. Alguns parasitas gastrointestinais comuns observados nos burros do Quénia. Boletim de Saúde e Produção Animal em África, 42: 75-76.

Kaye JN, S Love, JR Lichtenfels e JB McKeand, 1998. Análise comparativa da sequência da região espaçadora intergénica de espécies de ciatostoma. Int J Parasitol 28: 831-836.

Kazalaukas J, 1958. Lietuvos TSR arkliu helmintu fauna. Ata Parasitol, 1: 85-89.

Kester WO, 1975. *Strongylus vulgaris*, o assassino de cavalos. Mod Vet Pract, 56: 569-572.

Khan MK, MS Sajid, MN Khan, Z Iqbal, M Arshad, A Hussain, 2010b. Prevalência pontual da fasciolíase bovina e influência da quimioterapia na produção de leite numa população bovina em lactação do distrito de Toba Tek Singh, Paquistão. Jornal de Helmintologia,.

Khan MN, MS Sajid, MK Khan, Z Iqbal, A Hussain, 2010a. Helmintíase gastrointestinal: Prevalence and Associated Determinants in Domestic Ruminants of District Toba Tek Singh, Punjab, Pakistan [Prevalência e determinantes associados em ruminantes domésticos do distrito de Toba Tek Singh, Punjab, Paquistão]. Parasitology Research, 107: 787-794.

Khan MN, T Rehman, Z Iqbal, MS SAJID, M Ahmad, M Riaz, 2011. Prevalência e factores de risco associados da Eimeria em ovinos do Punjab, Paquistão. Academia Mundial de Ciências, Engenharia e Tecnologia, 80, 1329-1334.

Kirkpatrick CE, DL Skand, 1985. Giardíase num cavalo. J Am Vet Med Ass, 187: 163-164.

Klei TR, 1984. Necessidades de investigação sobre os parasitas internos dos cavalos. Am J Vet Res, 45: 1614-1618.

Klei TR, 2000. Equine immunity to parasites. Vet Clin North Am Equine Pract, 16: 69-78.

Koma's S, J Cabaret, M Skalska e B Nowosad, 2010. Horse Infection with Intestinal Helminths in Relation to

Age, Sex, Access to Grass and Farm System (Infeção do cavalo por helmintos intestinais em relação à idade, sexo, acesso à erva e sistema de exploração). Polónia. Vet Parasitol, 174:285-291.

Krecek RC, ST Cornelius e CME McCrindle, 1995. Socio-economic aspects of animal diseases in southern Africa: research priorities in veterinary science. J S Afr Vet Assoc, 66: 97-100.

Lanfredi RM, 1983. Estudo dos Ciatostomi'neos Parasitas de Cavalos *(Equus caballus,* L. 1758) no Munici'pio de Itaguai',R. J. (Nematoda, Strongylidae, Cyathostominae) Rio de Janeiro, Brasil. Disserta^a ~o de Mestrado. Universidade Federal Rural do Rio de Janeiro,pp: 116.

Larsen M, P Nansen, S Grondahl, SM Thamsborg, J Gronvold, J Wolstrup, SA Henriksen, J Monrad, 1996. The capacity of the *fungus Duddingtonia flagransto* prevent strongyle infections in foals on pasture, Vet Para, 113: 1-6.

Leland SE, JH Drudge, ZN Wyant e GW Elam, 1961. Studies on *Trichostrongylus axei* (Cobold, 1879) VIL Some quantitative and pathological aspects of natural and experimental infections in the horse. Am J Vet Res, 22: 128-138.

Lengronne D, G Regnier, P Veau, R Chermette, C Soule, 1985. Cryptosporidiose chez les populains diarrhoiques. Point Veterinary, 17: 528

Levine ND, 1980. Nematode parasites of domestic animals and of man. (2nd edição), Burgess Publishing Company, Minneapolis, Minnesota.

Levine ND, 1986. A taxonomia das espécies de Sarcocystis (Protozoa, Apicomplexa). J Protozool, 72: 372-382.

Lichtenfels JR, 1975. Helminths of domestic equids. Chaves ilustradas para géneros e espécies com ênfase nas formas da América do Norte. In: Proceeding of the Helmintological Society, vol. 42. Washhington, (edição especial), pp. 1-92.

Lichtenfels JR, 1975. Helmintos de equídeos domésticos. Proc Helminthol Soc Wash, 42: 1-92.

Lichtenfels JR, A McDonnell, S Love e JB Matthews, 2001. Nemátodos da tribo Cyathostominea (Strongylidae) colhidos em cavalos na Escócia. Compar Parasitol, 68: 265-269.

Lichtenfels JR, VA Karchenco, RC Krececk e LM Gibbons, 1997. An annotated checklist, by genus and species, of 93 species level names for 51 recognized species of small strongyles (Nematoda: Strongyloidea: Cyathostominea) of horses, asses and zebras of the world, Vet Parasitol, South Africa.

Lichtenfels JR, VA Kharchenko, RC Krecek e LM Gibbons, 1998. An annotated checklist by genus and species of 93 species level names for 51 recognized species of small strongyles (Nematoda: Strongyloidea: Cyathostominea) of horses, asses and zebras of the world. Vet Parasitol, 79: 65-79.

Lind EO, J Hoglund, BL Ljungstrom, O Nilsson e A Uggla, 1999. A field survey on the distribution of strongyle infections of horses in Sweden and factors affecting faecal egg counts. Equine Vet J, 31: 68-72.

Lloyd S, J Smith, RM Connan, MA Hatcher, TR Hedges, DJ Humphrey e AC Jones, 2000. Parasite control methods used by horse owners: factors predisposing to the development of anthelmintic resistance in nematodes. Vet Rec, 146: 487-492.

Love S, D Murphy e D Mellor, 1999. Pathogenicity of cyathostome infection. Vet Parasitol, 85: 113-121.

Lyons ET e SC Tolliver, 2004. Prevalência de ovos de parasitas *(Strongyloides westeri, Parascaris equorum,* e strongyles) e oocistos *(Eimeria leuckarti)* nas fezes de potros puro-sangue em 14 fazendas no centro de Kentucky. Parasitol Res, 92: 400-404.

Lyons ET, JH Drudge e SC Tolliver, 1981. Prevalência de microfilárias *(Onchocera* spp.) na pele de cavalos do Kentucky aquando da necropsia. J Am Vet Med Assoc, 179: 899-900.

Lyons ET, JH Drudge, e SC Tolliver, 1973. Sobre o ciclo de vida do *Strongyloides westeri* no equino. J Parasitol, 59: 780-787.

Lyons ET, SC Tolliver e JH Drudge, 1999. Perspetiva histórica dos ciatostomídeos: prevalência, tratamento e programas de controlo. Vet Parasitol, 85: 97-112.

Lyons ET, SC Tolliver e SS Collins, 2011. Atividade reduzida de moxidectina e ivermectina em pequenos estrôngilos em cavalos jovens em uma fazenda (BC) no centro de Kentucky em dois testes de campo com notas sobre contagens variáveis de ovos por grama de fezes (EPGs). Parasitol Res, 108:1315-1319.

Lyons ET, SC Tolliver, JH Drudge, DE Granstrom, SS Collins e S Stamper, 1992. Testes críticos e controlados da atividade da moxidectina (CL 301423) contra infecções naturais de parasitas internos de equídeos. Vet Parasitol, 41: 255-284.

Mahfooz A, MZ Masood, A Yousaf, N Akhtar e MA Zafar, 2008. Prevalência e eficácia anti-helmíntica da abamectina contra parasitas gastrointestinais em cavalos. Pak Vet J, 28: 76-78.

Mair TS, FG Taylor, DA Harbour e GR Pearson, 1990. Infecções simultâneas por Cryptosporidium e vírus corona num potro árabe com síndrome de imunodeficiência combinada. Vet Rec, 126: 127-130.

Majewska AC, P Solarczyk, L Tamang e TK Graczyk, 2004. Infecções equinas *por Cryptosporidium parvum* na Polónia ocidental. Parasitol Res, 93: 274-278.

Manahan FF, 1970. Diarreia em cavalos com particular referência a uma síndrome de diarreia crónica. Aus Vet J, 46, 231-234.

Marchiondo A, G White, L Smith, C Reinemeyer, J Dasciano, E Johnson e J Shugart, 2006. Eficácia clínica no terreno e segurança da pasta de pamoato de pirantel (19,13% p/p de base de pirantel) contra Anoplocephala spp. em cavalos naturalmente infectados. Vet Parasitol, 137: 94-102.

Martins IVF, GG Verocai, TR Correia, RMPS Melo, MJS Pereira, FB Scott e L Grsi, 2009. Levantamento das práticas de controle e manejo da infeção por helmintos de equinos. Pesq Vet Bras, 29: 253-257.

Martins IVF, TR Correia, CP Souza, JL Fernando, FB Sant'Anna e FB Scott, 2001. Freque 'ncia de nemato'ides intestinais de equinos oriundos de apreensa ~o, no Estado do Rio de Janeiro. Rev Bras Parasitol Vet, 10: 37-40.

Maskar U, 1983. Tek tirnakhlann mide habronematos'u iizerine. Istanbul Univ Vet Fak Derg, 9: 1-10.

Mathieson AO, 1964. A study into the distribution of, and tissue responses associated with, some internal parasites of the horse. Tese, Universidade de Edimburgo.

Matthee S, FH Dreyer, WA Hoffmann e FE Niekerk, 2002. Um estudo introdutório das práticas de controlo de helmintas na África do Sul e da resistência anti-helmíntica em coudelarias de puro-sangue na província do Cabo Ocidental. J S Afr Vet Assoc, 73: 195=200.

Matthee S, RC Krecek e LM Gibbons, 2002. *Cylicocyclus asinusn* spp. (Nematoda: Cyathostominae) de burros, *Equus asinus,* na África do Sul. Syst Parasitol, 51: 29-35.

Matthee S, RC Krecek e SA Milne, 2000. Prevalência e biodiversidade de helmintas parasitas em burros da África do Sul. Journal of Parasitology, 86: 756-762.

Mattioli RC, J Zinsstag e K Pfister, 1994. Frequência da tripanosomose e dos parasitas gastrointestinais nos burros de tração na Gâmbia em relação com a criação de animais. Tropical Animal Health and Production, 26: 102-108.

Maxie MG e PW Physlck-Sheard, 1985. Trombose da aorta-ilíaca em cavalos. Vet Pathol, 22: 238-249.

Mayhew IG, JR Lichtenfels, EC Greiner, RJ MacKay e CW Enloe, 1982. Migração de um nemátodo espiralado através do cérebro de um cavalo. J Am Vet Med Assoc, 180: 13061311.

Mbafor FL, PV Khan, WP Joshua e J Tchoumboue, 2012. Prevalência e Intensidade de Helmintos Gastrointestinais em Cavalos na Zona Climática Sudano-Guineense dos Camarões. Trop Parasitol, 2: 45-48.

McCraw BM e JOD Slocombe, 1974. Desenvolvimento precoce e patologia associada ao *Strongylus edentatus*. Can J Comp Med, 38: 124-138.

McCraw BM e JOD Slocombe, 1985. Strongylus equinus: Desenvolvimento e efeitos patológicos no hospedeiro equino. Can J Comp Med (no prelo).

McDonnell A, S Love, A Tait, JR Lichtenfels e JB Matthews, 2000. Phylogenetic analysis of partial mitochondrial cytochrome oxidase C sub-unit I and large ribosomal RNA sequences and nuclear internal transcribed spacer 1 sequences from species of Cyathostominae and Strongylidae (Nematoda, Order Strongylidae) parasites of the horse. Parasitol, 121: 649-659.

Merritt AM, JR Bolton e R Cunprick, 1975. Differential diagnosis of diarrhea in horses over six months of age (Diagnóstico diferencial de diarreia em cavalos com mais de seis meses de idade). J S Afr Vet Assoc, 46: 73-76.

Mfitilodze MW e Hutchinson GW, 1985. The site distribution of adult strongyle parasites in the large intestines of horses in tropical Australia. Int J Parasitol, 15: 313-319.

Monahan CM, MR Chapman, DD French, HW Taylor e TR Klei, 1995. Titulação da dose de gel oral de moxidectina contra parasitas gastrointestinais de póneis. Vet Parasitol, 59: 241-248.

Morris C, AF Trawford, E Svendsen, 2004. Burro: herói ou vilão do mundo dos parasitas? Passado, presente e futuro, Vet Parasitol, 125: 43-58.

Munoz F, AU Garcia-Perez, I Povedano e RA Juste, 1994. I. Infecções por Strongyle em cavalos. 11. Eficácia da ivennectina (oral e subcutânea) no controlo de populações de ciatostomídeos resistentes. Medicina-Veterinaria, 11: 75-80.

Mushi EZ, MG Binta, RG Chabo e L Monnafela, 2003. Flutuação sazonal da infestação parasitária em burros *(Equus asinus)* na aldeia de Oodi, distrito de Kgatleng, Botswana, Journal of the South African Veterinary Association, 74: 24-26.

Nichols JM, HM Clayton, HM Pirie e JL Duncan, 1978a. A pathological study of the lungs of foals infected experimentally with *Parascaris equorum*. J Comp Path, 88: 261274.

Nichols JM, HM Clayton, JL Duncan e B Buntain, 1979. Infeção do verme do pulmão *(Dictyocaulus arnfieldi)* em burros. Vet Rec, 104: 567-570.

Nichols JM, JL Duncan e WA Greig, 1978b. Infeção por verme do pulmão *(Dictyocaulus arnfieldi)* no cavalo. Vet Rec, 102: 216-217.

Nielsen MK, RM Kaplan, SM Thamsborg, J Monrad e SN Olsen, 2007. Climatic influences on development and survival of free living stages of equine strongyles: implications for worm control strategies and managing anthelmintic resistance, Vet J, 174: 23-32.

Ogbourne CP e JH Duncan, 1985. *Strongylus vulgaris* in the horse: its biology and veterinary importance (2ª edição). Common wealth Inst, Parasitol Mise Publ, No. 4, Common wealth Agricultural Bureaux, Farnham Royal, Reino Unido, 68 pp.

Ogbourne CP, 1978. Pathogenesis of Cyathostome (Trichonema) infections of the horse: a review. Mise Publ No 5 Common wealth Inst Helminthol, Common wealth Agricultural Bureaux, Farnham Royal, Reino Unido, 26 pp.

Oge H, 1991. Estado geral das infecções helmínticas em cavalos de acordo com exames fecais. PhD Dissertação, Universidade de Ankara, Ankara. Turquia. 1991.

Oliver DF, CT Jenkins e P Walding, 1977. Rutura do duodeno num potro de nove meses devido *a Anoplocephala magna.* Vet Rec, 101:80.

Olson ME, CL Tholakson, L Deselliers, DW Morck, TA Mcallister, 1997. Giardia, Cryptosporidium in Canadian farm animals. Vet Parasitol, 68: 375-381.

Owen J e D SLOCOMBE, 1985. PATHOGENESIS OF HELMINTHS IN EQUINES. Elsevier Science Publishers, 18:139-153.

Pal, 2002. Epidemiologia do *estrófulo* equino, eficácia e resistência anti-helmíntica. Tese de mestrado (não publicada) apresentada à GBPUA e T, Pantnagar e Uttaranchal.

Papazahariadou M, E Papadopoulos, A Diakou e S Ptochos, 2009. Gastrointestinal Parasites of Stabled and Grazing Horses in Central and Northern Greece, Elsevier Inc, 29: 4

Pearson H, PJN Pinsent, HR Denny e A Waterman, 1975. The indications for equine laparatomy an analysis of 140 cases. Equine Vet J, 7: 131-136.

Pecheur M, G Detry-Pouplard, G Gerin e R Tinar, 1979. Les helminths parasites du systeme digestifde poneys abattus en Beigique. Ann Med Vet, 123: 103-108.

Pereira JR e SSS Vianna, 2006. Vermes parasitas gastrointestinais em eqüinos no Vale do Paraíba, Estado de São Paulo, Brasil Veterinary Parasitology, 140: 289-295.

Phillips TN e A Kolveit, 1958. Um caso de diarreia equina associada a uma infeção parentérica grave por *Strongylus edentatus*. Illinois Vet J, pp: 37-39.

Proudman CJ e AJ Trees, 1999. Tapeworms as a cause of intestinal disease in horses. Parasitol Today, 15: 156-159.

Proudman CJ, French NP, Trees AJ, 1998. Tapeworm infection is a significant risk fator for spasmodic colic and ileal impaction colic in the horse. Equine Vet J, 30: 194-199.

Radostits OM, CC Gay, DC Blood e KW Hinchcliff, 1999. Veterinary medicine: A textbook of the disease of cattle, sheep, pigs, goats and horses. 9th Ed, Londres: Saunders.

Reddy AB, SNS Gaur e UK Sharma, 1976. Pathological changes due to *Habronema muscae* and *H. megastoma (Draschia megastoma)* infection in equines. Indian J Anim Sci, 46: 207-210.

Reinemeyer CR e AA Tineo, 1993. Comparação das eficácias do gel de moxidectina e da pasta de ivermectina contra parasitas nematódeos de cavalos. Proc. 38th Ann. Reunião, Am Assoc Vet Parasitol, 17-20 de julho de 1993, Minneapolis, MN, pp: 32.

Reinemeyer CR, SA Smith, AA Gabel e RP Herd, 1984. The prevalence and intensity of internal parasites of horses in the U.S.A. Vet Parasitol, 15: 75-84.

Reppas GP, Collins GH, 1995. Infecções *por Eimeria leuckarti* em três potros. Aust Vet J, 72 (2): 63-64.

Riaz Q, 1984. Eficácia anti-helmíntica comparativa contra *Strongylus vulgaris* em equinos. Tese de Mestrado (Hons.), Faculdade de Ciências Veterinárias, Universidade de Agricultura, Faisalabad-Paquistão.

Robenson N, 2009. Prevalence of gastrointestinal nematode parasite of equine in and around Asella, Oromia regional state, DVM thesis, Mekelle University, FVM, Mekelle, Ethiopia.

Rodriguez-Bertos A, J Corchero, M Castano, L Pena, M Luzon e M Gomez-Bautista, 1999. Alterações patológicas causadas pela infeção por *Anoplocephala perfoliata* na junção ileocecal de equídeos, J Vet Med A, 46: 261-269.

Roneus O, 1971. Parasitas gastrointestinais dos cavalos. Svensk Veterinartidning, 23: 489-497.

Ryu SH, JD Jang, UB Bak, CW Lee, HJ Youn e YL Lee, 2004. Impactação gastrointestinal por *Parascaris equorum* num potro puro-sangue em Jeju, Coreia. J Vet Sci, 5: 181-182.

Saeed K, Z Qadir, K Ashraf e N Ahmad, 2010. Papel dos factores epidemiológicos intrínsecos e extrínsecos na estrongilose em cavalos. J of Ani & Plant Sci, 20: 277-280.

Sellers AF, JE Lowe, CJ Drost, VT Rendano, JR Georgi e MS Roberts, 1982. Propulsão por retropulsão no cólon grande dos equídeos. Am J Vet Res, 43: 390-396.

Sengupta PP e MP Yadav, 1997. Ocorrência de infecções parasitárias em poneis da região de Tarai, Uttar Pradesh. Ind J An Sci, 67: 460-462.

Sheahan BJ, 1976. Infeção *por Eimeria leuckarti* num potro puro-sangue. Vet Rec, 99 (11), 213214.

Silva AVM, HMA Costa, HA Santos e RO Carvalho, 1999. Cyathosotminae (Nematoda) parasitas de *Equus caballus* em alguns estados do Brasil. Vet Parasitol, 46: 15-21.

Silva NRS, Braccini GL, Chaplin EL, Araujo, FAP, 1996. *Cryptosporidium parvume C. murisem* equinos de Porto Alegre RS Brasil. Arquivos da Faculdade de Veterinaria UFRGS, 24(1): 81-84.

Singh B, H Ram, PS Banerjee, R Garg, CL Yadav, 2002. Epidemiological aspects of gastrointestinal parasites of equines in Uttaranchal and Uttar Pradesh, Ind J Ani Sci, 72(10): 861-862.

Slocombe JO, RV Cannes e MC Lake, 2007. *Parascaris equorum* resistente a lactonas macrocíclicas em coudelarias no Canadá e eficácia do fenbendazol e do pamoato de pirantel. Vet Parasitol, 145: 371-376.

Slocombe JOD, BM McCraw, PW Pennock e J Vasey, 1982. Eficácia da ivermectina contra o *Strongylus vulgaris* da quarta fase posterior em póneis. Am J Vet Res, 43: 1525-1529.

Smith HJ, 1976. Strongyle infections in ponies II reinfection of treated animals (Infecções por Strongyle em póneis II reinfeção de animais tratados). Can J Comp Med, 40: 334-340.

Smith HJ, 1978. Infecções experimentais *por Trichonema* em póneis adultos. Vet Parasitol, 4: 265273.

Smith HJ, 1979. *Prohslmayria vivipara* (pinworms) em póneis. Can J Comp Med, 43: 341342.

Sobieszewski K, 1967. Nemátodos parasitas do trato alimentar de cavalos no Palatinado de Lublin. Ata Parasitol Pol, 15: 103-108.

Sotiraki S, A Badouvas e CA Himonas, 1997. Survey on the prevalence of internal parasites of equines in Macedonia and Thessalia-Greece. J Equine Vet Sci, 17: 550552.

Sotiraki ST, AG Badouvas, CA Himonas, 2010. Estudo sobre a prevalência de parasitas internos de equídeos na Macedónia e na Tessália-Grécia. Journal of Equine Veterinary Science, 550-552.

Soulsby EJL, 1982. Helminths, Arthropods and Protozoa of Domesticated Animals, 7th edn. Bailllere Tindall, Londres.

Soulsby EJL, 1986. Helminths, Arthropods and Protozoa of Domesticated Animals, 7th edn. Bailliere Tindall, Londres. 1986: 167-174.

Srihaklm S, e TW Swerczek, 1978. Alterações patológicas e patogénese da infeção por *Parascaris equorum* em potros de pónei sem parasitas. Am J Vet Res, 39: 1155-1160.

Sturdee AP, Bodley-tickell AT, Archer A, Chalmers RM, 2003. Estudo a longo prazo da prevalência de *Cryptosporidium* numa exploração agrícola de baixa altitude no Reino Unido. Vet Parasitol, 116: 97-113.

Sutoh M, J Sahekl, R Ishitani, S Inui, M Narita, H Hamazaki e T Yokota, 1976. Ocorrência e patologia de uma doença dos potros causada pela migração larvar de *Strongylus vulgaris*. Exp Rep Equine Health Lab, 13: 60-78.

Tennant B, JD Wheat e DM Meagher, 1972. Observações sobre as causas e a incidência de obstruções intestinais agudas no cavalo. Proc 18th Annu Meet, Am Assoc Equine Pract, pp. 251-258.

Thomas RK e BJ Tobert, 1980. Efficacy of ivermectin against GIT parasites in ponies. American J Vet Res, 41: 1747-1750.

Thrusfield M, 2007. Veterinary Epidemiology, 3rd Ed, Blackwell Science, London, pp: 231-232.

Torbert BJ, TR Klei, JR Lichtenfels, e MR Chapman, 1986. A survey in Louisiana of intestinal helminths of ponies with little exposure to anthelmintics. J Parasitol 72: 926-930.

Uhlinger C, 1990. Effects of three anthelmintic schedules on the incidence of colic in horses. Eq Vet J, 4: 251-254.

Umar YA, DB Maikaje, UM Garba e MAF Alhassan, 2013. Prevalência de Parasitas Gastrointestinais em Cavalos Utilizados para Treino de Cadetes na Nigéria. J Vet Adv, 3(2): 43-48.

Umur S e M Acici, 2009. Um estudo sobre infecções helmínticas em equídeos na região central do Mar Negro, Turquia. Turk J Vet Anim Sci, 33: 373-378.

Urquhart GM, J Armour, JL Duncan, AM Dunn e FW Jennings, 1996. Veterinary Parasitology, 2ª ed. Blackwell Science Ltd. Osney Mead. Oxford, Londres.

Valdez-Cruz MP, M Hernandez-Gil, L Galindo-Rodriguez e MA Alonso-Diza, 2006. Carga parasitária gastrointestinal, condição corporal e valores hematológicos em equinos nas zonas tropicais húmidas do

México. In: Actas do 5.º Colóquio Internacional sobre Equídeos de Trabalho, The Future for Working Equines. Eds: A. Pearson, C. Muir e M. Farrow. The Donkey Sanctuary, Sidmouth, 62-72.

Valdez-Cruz MP, M Hernandez-Gil, L Galindo-Rodriguez e MA Alonso-Diaz, 2013. Carga de nemátodos gastrointestinais em equídeos de trabalho de áreas tropicais húmidas do centro de Veracruz, México, e a sua relação com a condição corporal e os valores hematológicos. Trop Anim Health Prod, 45: 603-607.

Van Loon G, P Deprez, E Muylle e B Sustronck, 1995. Ciatostomíase larval como causa de morte em dois cavalos regularmente desparasitados. J Vet Med Ser, 42: 301-306.

Vasey JR, 1981. Equine cutaneous habronemlasis. Compend Contln Ed. Pract Vet, 3: 290298.

Vaz Z, 1930. Nemato'deos observados no Brasil. Rev Soc Paul Med Vet, 5: 122-125.

Visser M, S Rehbein, WK Langholff, MR Chapman, P Hanson, TR Lei e DD French, 2001. Reavaliação da eficácia da ivermectina contra os parasitas gastrointestinais dos equídeos. Vet Parasitol, 98: 315-320.

Wells D, RC Krecek, M Wells, AJ Guthrie e JC Lourens, 1998. Níveis de helmintas nos burros de trabalho mantidos sob diferentes sistemas de maneio no distrito de Moretele 1 da Província Noroeste, África do Sul. Vet Parasitol, 77: 163-177.

Wetzel R e W Kersten, 1956. Die Leberphase der Entwicklund yon *Strongylus edentates.* Wien tierarztl Mschr, 43: 664-673.

Wetzel R, 1940. Zur Entwicklund de grossen pallsaden wurmes *(Strongylus equinus)* im pferd. Arch Wis Prakt Tier, 76: 81-118.

Wetzel R, 1952. Die Entwicklungsdauer (Praepatent-periode) von *Strongylus edentatus* in Pferd. Dt. tierarztl Wehr, 59: 129-130.

Trigo JD, 1975. Causes of colic and types requiring surgical intervention (Causas de cólicas e tipos que requerem intervenção cirúrgica). J S Air Vet Assoc, 46: 95-98.

White MR, Crowell WA, Guy BL, 1988. Intussusceção cecocólica num potro com infeção por *Eimeria leuckarti*. Equine Pract. 10:15-18.

White NA, 1981. Infarto intestinal associado à doença trombólica vascular mesentérica no cavalo. J Am Vet Med Assoc, 178: 259-262.

White NA, JN Moor e M Douglas, 1983. Estudo SEM da arterite induzida por larvas *de Strongylus vulgaris* no pónei. Equine Veterinary Journal, 15: 349-353.

Xiao L, RP Herd e GA Majewski, 1994. Comparative efficacy of moxidectin and ivermectin against hypobiotic and encysted cyathostomes and other equine parasites. Vet. Parasitol, 53: 83-90.

Yoseph S, DG Smith, A Mengistu, F Teklu, T Firew e Y Betere, 2005. Variação sazonal na carga parasitária e condição corporal dos burros de trabalho nas regiões de East Shewa e West Shewa da Etiópia. Tropical Animal Health and Production, 1: 35-45.

Zajac MA e GA Conboy, 2011.Veterinary clinical parasitology 8th Ed. Uma publicação de John Wiley and Sons, Inc., West Susses, Reino Unido. 182-185.

Anexo 1

Date of Survey________________________ Performa________________________

Owner Name________________________ Contact #________________________

Location/ Address____

SPECIE		
Donkey	Horse	Mule

SEX	
Male	Female

AGE		
0-5 Years	6-15 Years	>15 Years

PURPOSE						
Draught				Recreational	Ceremonial	Ethical
BKC*	BKP*	TPC*	TGC*			

BODY SCORING					
Very poor	Poor	Moderate	Good	Fat	Very fat

PREVIOUS DEWORMING HISTORY		
Yes	No	If yes than drug?

Printed by Books on Demand GmbH, Norderstedt / Germany